李四光纪念馆系列科普丛书

听李四光讲新能源的故事

李四光纪念馆

北京大学出版社
PEKING UNIVERSITY PRESS

图书在版编目（CIP）数据

听李四光讲新能源的故事 / 李四光纪念馆编著 . — 北京：北京大学出版社，2022.9
（李四光纪念馆系列科普丛书）
ISBN 978-7-301-33158-3

Ⅰ . ①听… Ⅱ . ①李… Ⅲ . ①新能源 – 青少年读物 Ⅳ . ① TK01-49

中国版本图书馆 CIP 数据核字（2022）第 123163 号

书　　名　听李四光讲新能源的故事
　　　　　TING LI SIGUANG JIANG XINNENGYUAN DE GUSHI
著作责任者　李四光纪念馆 编著
责 任 编 辑　张亚如　刘清愔
标 准 书 号　ISBN 978-7-301-33158-3
出 版 发 行　北京大学出版社
地　　址　北京市海淀区成府路 205 号　100871
网　　址　http://www.pup.cn　　新浪微博：@ 北京大学出版社
微信公众号　通识书苑（微信号：sartspku）
电 子 信 箱　zyl@pup.pku.edu.cn
电　　话　邮购部 010-62752015　发行部 010-62750672　编辑部 010-62753056
印 刷 者　北京中科印刷有限公司
经 销 者　新华书店
　　　　　787 毫米 × 1092 毫米　16 开本　8 印张　130 千字
　　　　　2022 年 9 月第 1 版　2022 年 9 月第 1 次印刷
定　　价　58.00 元

亲爱的读者小朋友：

你知道我国著名的科学家、教育家李四光先生吗？他可是我国地质事业重要的开拓者，是科学家的杰出代表，也是很多小朋友心目中的偶像。李四光先生小时候就非常聪明好学，酷爱读书，就像达尔文那样，对大自然充满了好奇，每每遇到关于神秘的大自然的书，他甚至不吃饭、不睡觉也要先把书看完。也正是由于这种对知识的无比向往，他 15 岁就赴日本留学，后来又在英国伯明翰大学先学采矿，后学地质，获得了硕士学位。1931 年，他被伯明翰大学授予博士学位。他把对自然的热爱变成了一种钻研科学的动力，不仅提出了古生物“蜓”的鉴定方法，而且发现了我国东部第四纪冰川的遗迹，创立了地质力学。他用力学的方法研究和解决地质问题，在全世界都很出名呢！

1950 年，李四光先生回到了刚刚成立的中华人民共和国。作为新中国第一任地质部部长，李四光先生把全部的精力都用在了建设祖国上面，他不仅带领广大地质工作者找到了大庆油田等大油田，摘掉了我们国家“贫油”的帽子，还发现了国家建设急需的许多其他矿产资源，为祖国的建设做出了巨大贡献。

本书将带领我们畅游在新能源的海洋里：了解我们为什么要发展新能源，有哪些神奇的新能源以及它们都有哪些特点。我们将会看到科学家如何利用地球这个“大锅炉”散发出的源源不断的热量，看到原子核小小的身材如何迸发出巨大的能量，看到头顶的太阳、身边的风和水流蕴藏着哪些无穷无尽的能量……我们还将了解到李四光先生和中国地质工作者是如何克服重重困难，找到宝贵的铀矿资源，支持中国核工业发展的故事。好了，话不多说，让我们一起开始这段奇妙的旅程吧！

目 录

第一讲 你好，新能源

能源与人类社会发展

人类文明的进步和社会的发展离不开一次又一次的能源革命。伴随着每次能源类型的发展变化，人类社会都会步入一个新的发展阶段。但是，能源的不断发展也在影响着人类赖以生存的地球环境，让我们不得不思考未来能源的发展方向。

从茹毛饮血到钻燧取火

一百多万年前，我们人类的祖先还不会使用火，一直过着茹毛饮血的生活。同时，他们还要经受大自然的考验，不仅要面对各种凶猛的野兽，还要面对冬季的严寒。再后来，我们的祖先学会了利用天然火，甚至逐渐掌握了生火

的方法，才把人类文明带入了一个新的阶段。

战国时代的《韩非子》中有记载："有圣人作，钻燧取火，以化腥臊，而民说（悦）之，使王天下，号之曰燧人氏。"钻燧取火，正是远古时代人类祖先掌握的生火方法，火从此成为人类文明发展过程中最为重要的角色之一。火的使用，首先使人类随时都可以吃到熟食，减少疾病，促进大脑的发育和身体的进化，摆脱了茹毛饮血。火还给人类带来了温暖，使人类能够抵御严寒，扩大了人类的活动范围。同时，火也是一种狩猎和自卫的手段，让人类在与野兽的生存竞赛中脱颖而出。进入农耕时代以后，最初的农耕方式——刀耕火种，也要依靠火来进行。而原始的手工业，如制作弓箭和木矛、制陶、冶炼等，都离不开火。可以说，没有火便没有人类社会的发展，更没有人类今天的发达文明。

从柴薪到煤炭

在人类与火为伴的漫长岁月里，柴薪成为最重要的一种能源。不过，随着社会的发展和技术水平的提高，人们逐渐发现燃烧同样体积的煤炭能够释放出比柴薪多得多的能量。煤炭是一种比柴薪更好的能源。因此，煤炭也成为主要

的能源之一。

随着工业革命的开始，煤炭的需求不断增长，从钢铁生产到简单的面包制作，越来越多的行业使用煤炭。大家也许在一些影视作品当中看到过吐着浓浓黑烟的蒸汽火车，它正是工业革命时代的代表。蒸汽机作为工业革命的核心技术之一，对煤炭有巨大的需求，火车、轮船、工厂机器等的运转都依赖蒸汽机提供动力，而蒸汽机则需要燃烧煤炭来产生足够多的蒸汽。此外，钢铁作为工业革命的核心产品之一，也需要消耗大量的煤炭来进行冶炼加工。可以说，煤炭作为能源，为工业革命时代人类文明的发展提供了强劲的动力。反过来，人类文明的发展又促进了煤炭开采、加工、运输技术的发展，降低了成本，有力地推动了煤炭的广泛使用。

石油——现代社会的血液

在煤炭之后，一种更加高效的能源登上历史舞台，它就是石油。石油是

地球送给人类的一件超级大礼。自从它被开采利用以后，世界发生了奇妙的变化！人类极尽所能，发挥创造力把石油变成各种物质，让我们的世界更加丰富多彩。

作为全世界使用最广泛的能源，石油在海、陆、空交通和工业生产中发挥着重要作用，堪称人类社会能源“皇冠上的明珠”！到了21世纪的今天，汽车、飞机等已经成为便捷的出行工具，而这些交通工具能够运行，无不仰仗石油。

除了用作能源，石油还能作为化工原料在我们的生活中大显身手！聪明的科学家们用想象力和创造力不断丰富着人类的生活。到现在为止，我们已经数不清石油到底生产了多少种产品。各式各样的塑料制品、五颜六色的衣服、治疗疾病的药品、建筑房屋的材料、农业生产中的化肥……几乎都有石油的身影。总之，人类的“衣食住行”基本上已经离不开石油了。

扩展阅读

煤炭和石油对于人类的生产生活至关重要，但它们也会产生一些负面影响。你知道都有哪些负面影响吗？

扫描二维码收看

电力——划时代的革命

电的发现是人类社会发展的一个具有划时代意义的革命。

早在公元前600年左右，古希腊哲学家泰勒斯就发现摩擦的琥珀具有吸引微小物体的能力，这也就是我们今天所熟悉的静电。为了搞清楚有关电的神奇现象，很多科学家前赴后继展开探索。1752年，美国科学家本杰明·富兰克林进行了著名的风筝实验，证明了闪电是一种放电现象。1753年，科学家乔治·里奇曼在重复富兰克林的实验时不幸被雷电击中，成为研究电的殉难者。到了1820年，丹麦物理学家奥斯特发现了电生磁现象，把电与磁联系在了一起。后来法国物理学家安培在重复奥斯特实验的过程中证明了电流随磁场强度变化的规律。

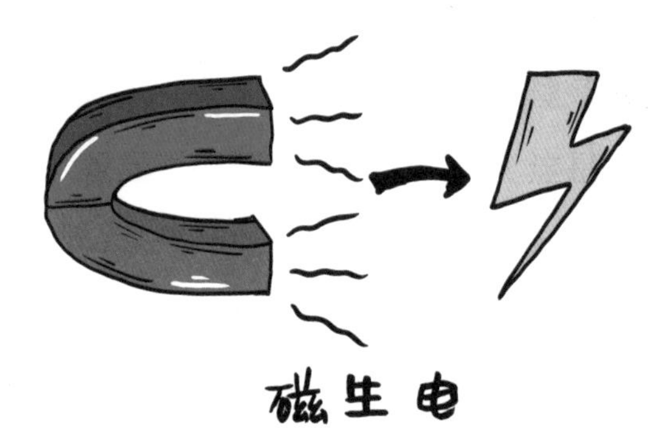

到了 1831 年，英国物理学家法拉第发现了磁生电现象，并制造出了小型发电机，标志着人类终于可以靠自己产生电力，取得了划时代的成就，电力逐渐被应用于人们生活的方方面面。

现如今，电力的应用极大地解放了人类的体力和脑力。借助各种形式的电动机械和电子信息技术，人类的生活范围不断延伸。电力已成为现代社会的重要物质基础。

李四光先生的担忧

煤炭和石油的不可再生问题及其所引发的环境问题，直到最近几十年才被大家关注。其实，早在 1920 年，李四光先生就以战略科学家的视角，思考了人类社会发展与能源的关系。他在 1920 年所作的题为“现代繁华与炭”的演讲当中指出，地球上煤炭的储量是有限的，世界愈趋于繁华，煤炭的消费量愈逐年增加。到了世界煤炭用完的时期，或者极不容易开采出来的时期，我们是不是可以用其他能源替代煤炭，来维持人类社会的繁华？

李四光先生认为这个问题很大，很有研究的必要，也提出了解决未来能源问题的研究路径。他认为，地球上流行的天然势力（也就是我们今天常说的能源）不仅有潮汐力、太阳能、水力、风力等，还有原子能和地下热能。李四光

指出:“假使我们能用一种方法把原子打破，使它那里的势力发泄出来，那么就是开了一条新路去利用天然势力。”“还有一项势力的渊薮（sǒu）[①]，我们应该想到，那就是地中的热。地下的热度，远过于地面；有种种事实为之证据……假若我们能造许多很深的井，使地中的热流出来。那真可谓别开天地。”

李四光的构想切中要害，为解决社会发展中的能源问题提出了破解之策，如今这幅“别开天地”的图景正在逐步实现，我国的新能源快速发展。

思考和探索

在这一节里，我们介绍了历史上人类社会发展与每一次能源变革的关系。有不少科幻作品用天马行空的想象，为我们描绘了未来人类社会所使用的能源。那么，在你的想象当中，我们未来会有哪些神奇的能源呢?

新能源“闪亮登场”

工业革命之后人类社会的飞速发展是以排放大量二氧化碳和有毒气体为代价的，这样的发展模式注定不能长久持续下去。好在世界各国都已经意识到了环境问题的重要性，纷纷出台政策支持新能源的发展，这也是我们实现“碳中和”的重要推动力!

扩展阅读

大家可能在新闻中听过“碳中和”这个词，那么什么是“碳中和”呢?

扫描二维码收看

① 渊薮，指人或事物聚集的地方。

时代呼唤新能源

要改变我们现在以煤炭和石油为主的能源结构，就需要发展新能源来替代煤炭、石油，所以说，时代呼唤新能源！

那么新能源具体指什么呢？一般来说，新能源是相对于常规能源而言的。常规能源指技术上比较成熟且已经被大规模利用的能源，如煤炭、石油、天然气以及大中型水电等。而新能源指的是常规能源之外、随着技术进步能够被人类加以开发利用的能源，包括太阳能、生物质能、风能、地热能、波浪能、洋流能、潮汐能、可燃冰等。

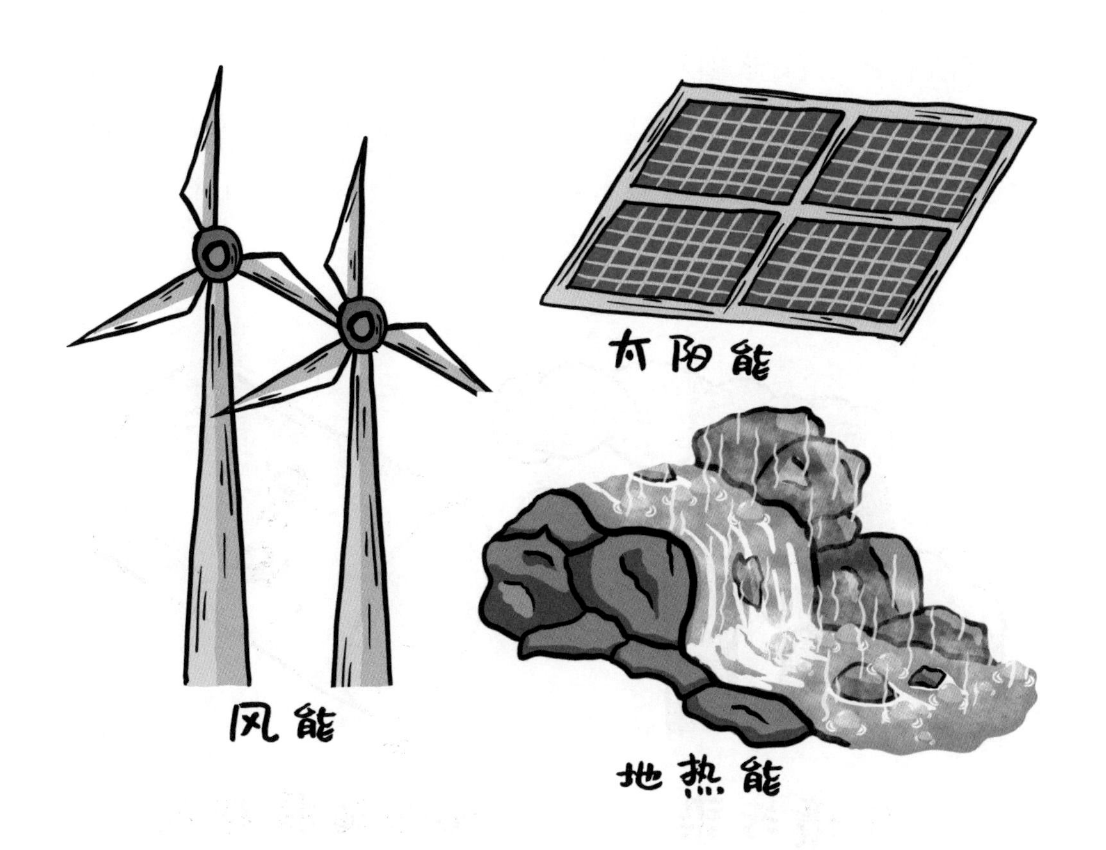

我们熟悉的太阳能就是一种新能源。太阳能来自太阳的辐射，太阳的光和热都可以被我们利用。实际上，太阳能也是地球上许多能量的来源，如风能、水能等，都是间接与太阳能相关的。如果你熟悉煤炭和石油的形成过程，那么一定知道，它们也是源于数百万乃至上亿年前“储藏”在地球上的太阳能。

新能源的特点

新能源最大的特点是污染小、可再生或储量巨大。一方面，新能源相比于煤炭和石油等化石能源来说污染很小。一般来说，煤炭和石油的燃烧不仅会产生大量的二氧化碳，还会释放各种各样的有毒气体，引发各种环境问题。而新能源的二氧化碳释放量很小，甚至为0，而且通常不会产生其他有毒气体，相较于煤炭和石油来说就非常绿色环保！另一方面，新能源能够在短时间内源源不断地再生出来，或者储量巨大以至于不用担心会枯竭。相比之下，煤炭和石油就不具备这一优势。尽管随着勘探技术的发展，人类又找到了更多的石油，但是这些石油往往开采难度大、成本高，而那些容易开采的石油正在逐渐减少。

由于这两个优点，发展新能源对于我们保障国家的能源供应安全、应对气候变化、改善环境质量具有非常重大的战略意义。

“绿色电力”

通常来说，大多数新能源都不能直接应用到我们的日常生活中，而需要转化为一种更为普遍的能源形式——电力。利用新能源来发电几乎不产生或很少产生对环境有害的排放物，对环境没有多少污染，更有利于环境保护和可持续发展，以此方式获得的是“绿色电力”。

与“绿色电力”相对的是传统火力发电，也就是通过燃烧煤、石油、天然气等化石燃料的方式来获得电力。这种发电模式会排放大量二氧化碳，产生有

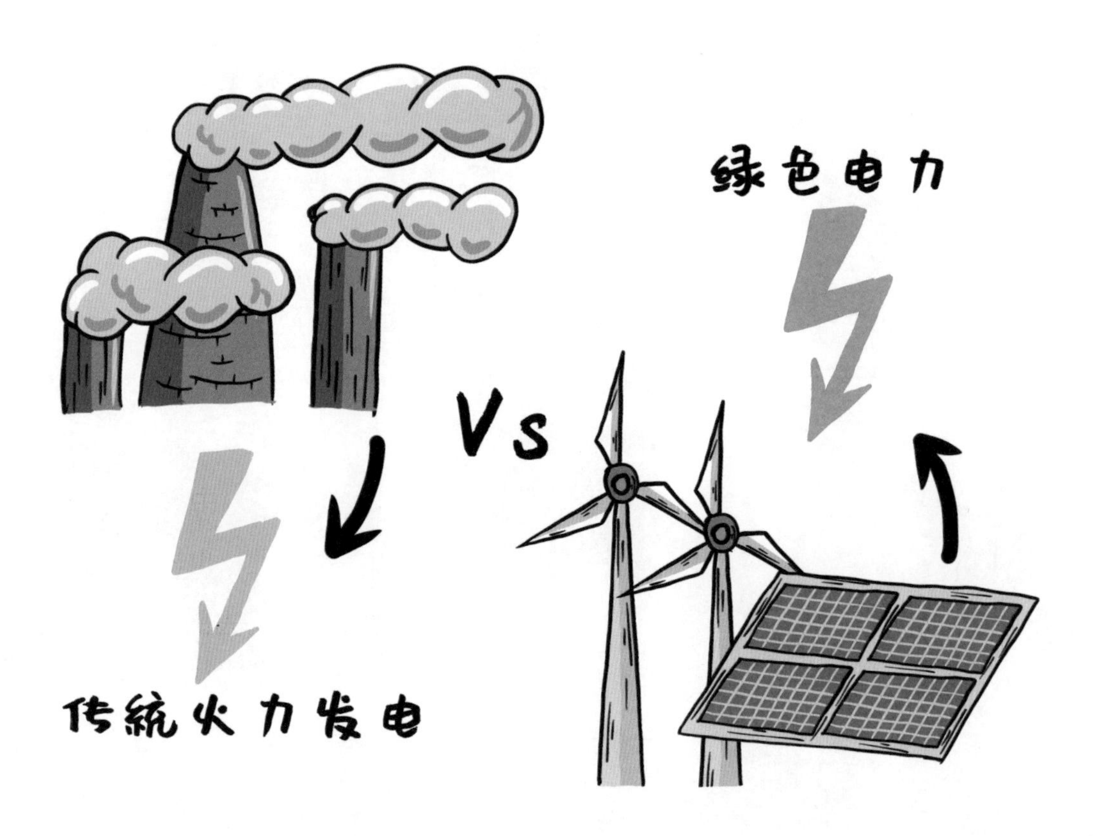

毒气体污染和粉尘污染，还会消耗大量的不可再生能源。从可持续发展的战略眼光看，开发利用“绿色电力”势在必行，这不仅能解决传统能源短缺的危机，也能解决传统能源发电对环境破坏的问题，可以说是一箭双雕。

为了实现“碳中和”和保护环境的目标，发展新能源是非常必要的。你还能想出发展新能源的其他原因吗?

来自地下的新能源

地热——天然的大锅炉

天然的烧水壶——温泉

说到泉水，大家可能首先想到的是清冽的山泉水。然而，地球上还有一些泉水，从地下涌出时就冒着滚滚热气，甚至还在沸腾，这就是大家熟悉的“温泉”。温泉的水温一般比较高，有的甚至超过了 40 摄氏度，并且含有对人体健康有益的微量元素和矿物质。人类很早以前就开始利用温泉，例如利用温泉沐浴、医疗、取暖、建造农作物温室及烘干谷物等。有些著名的温泉还被开发成旅游景点，前来泡温泉的游客络绎不绝。

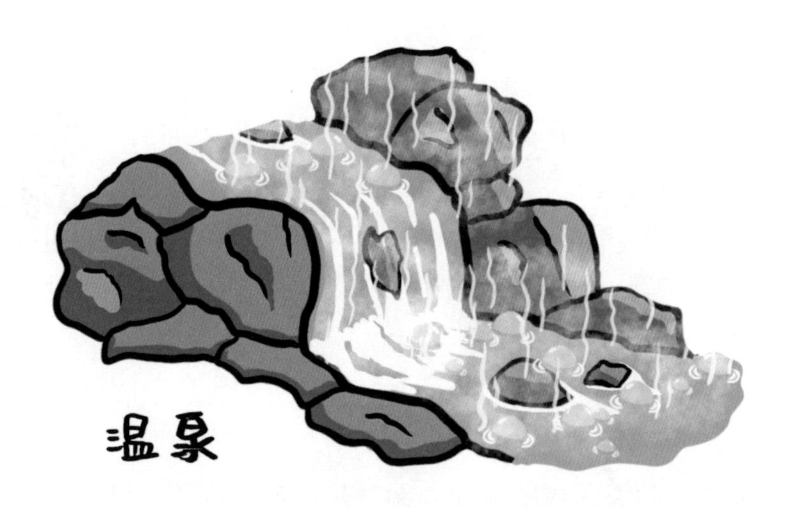

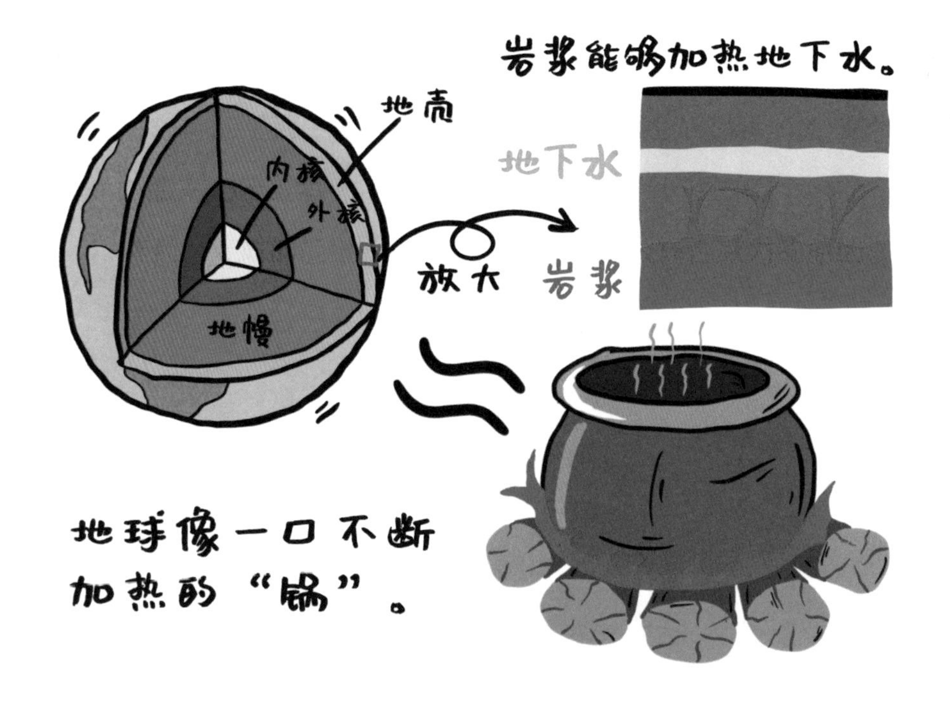

为什么温泉水的温度比较高呢？其实，这是因为“地热”。地热，简单说来，就是地下的热量，这也是我们地球内部最主要的一种能量。我们的地球就像一个巨大的“锅”，源源不断地产生热量，并向外传播。

扩展阅读

地球上不同地方的地热是有差别的，有的地方“更热”，有的地方“更冷”。那么我们怎样比较不同地方地热的高低呢？

扫描二维码收看

岩浆——地热的搬运工

在地表以下，随着深度的增加，温度是不断升高的，我们可以用“地热梯度”来表示温度升高的快慢。在增加相同深度的情况下，如果一个地方温度

升高得越多，那么它的地热梯度就越大。不过，即使地热梯度很小，只要深度足够，温度也可以升到很高很高，甚至足以熔化坚硬的岩石。在距离地球表面 30～100 千米深的地方，温度就能够达到 1000 摄氏度左右。那里就是软流圈，在这么高的温度下，岩石熔化形成岩浆。而在软流圈之外，温度不足以让岩石熔化，因此岩石还能保持固态。固态的岩石组成了我们地球表面坚硬的“壳”，这就是我们所说的岩石圈。

软流圈是岩浆的“家”，是岩浆诞生的地方，也是岩浆旅程开始的地方。因为软流圈的压力很高，液态的岩浆就会被挤压，沿着岩石圈的裂缝向上运动，最终以火山喷发的形式来到地表附近。在这个过程中，高温的岩浆将地球这个“大锅炉”深部的热量带到地球表面上来。这也是火山多的地方经常有非常多温泉的原因，比如我国云南腾冲和台湾北投温泉众多，都得益于岩浆的活动。

岩浆将热量带到地表附近。

地热资源的分布

在了解了地热和岩浆活动的关系后，聪明的你一定已经想到了在哪里能找到丰富的地热资源，那就是岩浆活动频繁的地方，而很多岩浆活动频繁的地方正是地球板块的边界。根据这个规律，我们就可以找到地球上地热资源最为丰富的几个区域。

首先是环太平洋地热带。这也是地球上构造运动最活跃的区域，几乎涵盖了整个太平洋沿岸地区。其次是喜马拉雅地热带，是欧亚板块与非洲、印度板块的碰撞边界，从欧洲的意大利一直延伸到我们中国的滇、藏两省区。西藏的羊八井地热和云南的腾冲地热都处在喜马拉雅地热带上。再次是大西洋中脊地热带，是大西洋洋底的一条很深的“裂缝”，岩浆沿着这条“裂缝”涌上来。

冰岛地热就位于这条地热带上。最后还有东非大裂谷地热带，这里的大陆岩石圈很薄，很接近软流圈的深度，于是也有很多岩浆活动，造就了丰富的地热资源。

地热的不同“性格”

不同地区的地热资源也有不同的类型，大体上可以分为水热型、干热岩型和地压型三大类，每一类都有自己独特的“性格”。

水热型地热资源是最常见的地热资源，指的就是高温的地下水或蒸汽，也是目前地热开发的主体。我们熟悉的温泉就属于这一类型。水热型地热资源按温度又可以分为三级，分别是温度高于 150 摄氏度的高温地热资源、温度在 150 摄氏度到 90 摄氏度之间的中温地热资源和温度低于 90 摄氏度的低温地热资源。温泉一般就属于温度低于 90 摄氏度的低温地热资源。

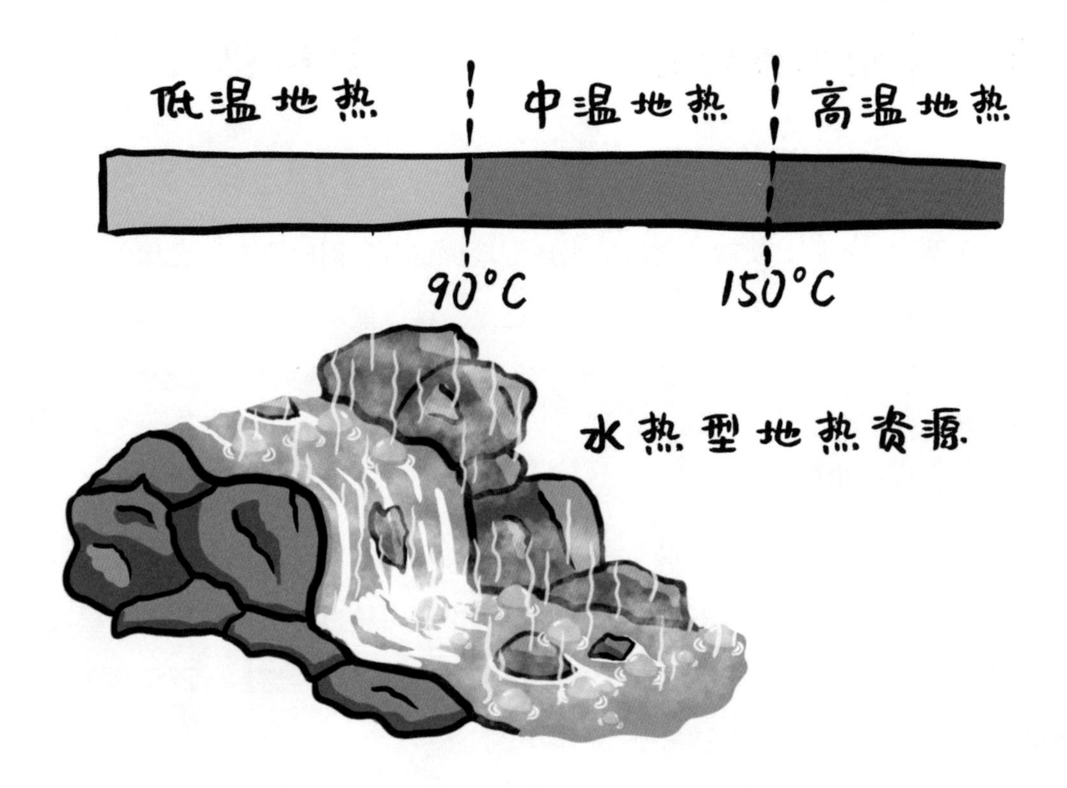

干热岩，顾名思义就是“又干又热的岩石”，指的是温度大于200摄氏度，但是不存在地下水或者仅含有少量地下水的高温岩体。在开发干热岩型地热资源时，需要人工钻井，然后往井里注入温度较低的水。这些水会被高温的岩体加热，产生高温的水汽混合物，从而被开发利用。

干热岩型地热资源　　地压型地热资源

地压型地热资源其实就是高压的水热型地热资源，同时具有高温和高压两个优势。因此，它除了是一种热能资源，还是一种水能资源。此外，这些高温热水中还通常溶解有较多的甲烷等气体，这些气体也可以作为副产品回收利用。

地热是发电小能手

地热发电是地热资源最重要、最普遍的一种利用方式。地热发电和火力发电的基本原理是一样的，都是利用高温的蒸汽推动汽轮机，然后带动发电机发电。不同的是，地热发电不需要像火力发电那样消耗煤炭等燃料，而是利用高温的天然蒸汽或热水，因此通常不会产生粉尘。

地热发电有两种主要的形式。第一种是蒸汽型地热发电，就是直接利用地热当中的高温蒸汽推动汽轮机发电，是简单、直接的一种发电形式。不过，这种方式需要的地热资源以蒸汽为主，而不是以热水为主，因此条件比较苛刻。更常见的地热发电方式是利用水热型地热资源发电。但是热水本身是不能直接被用来推动汽轮机的，而要先将热水变为蒸汽，用蒸汽来推动。大家知道，水的沸点是与压力密切相关的，压力越低，水的沸点就越低。在某些情况下，地下高温的热水在抽到地面的过程中压力减小，会自发地变成蒸汽，这也是我们希望看到的。

但是如果热水抽到地面上来，没有变成蒸汽该怎么办呢？科学家想出了一个办法，就是找到一种沸点比较低的物质（如氯乙烷、正丁烷、异丁烷、氟里昂等）。热水首先把热能传给沸点低的物质，使之沸腾而产生蒸汽，从而推动汽轮机发电。

扩展阅读

地热除了用来发电，还有很多其他用途。你知道有哪些吗？

扫描二维码收看

我国的地热资源

我国恰好处在环太平洋地热带和喜马拉雅地热带的交汇处，因此我国是地热资源相对丰富的国家。我国西藏南部、云南西部腾冲地区和四川西部，都位于喜马拉雅地热带上，我国台湾则位于环太平洋地热带上，这些地方都有非常丰富的高温地热资源。此外，我国的中温地热资源分布更加广泛，几乎遍布全国各地；低温地热资源更是数不胜数。

在我国地热资源利用的实例中，羊八井地热电站可能是名气最大的一

个。它位于我国西藏自治区拉萨市西北约 90 千米的当雄县境内，于 1975 年 9 月发电成功。1951 年之前，整个西藏只有小电站，还因为被水冲毁，导致西藏很长一段时间里没有电。1951 年以后，电力事业的发展被当作西藏建设的重中之重。正是在这样的背景下，我们的科学家和工程师结合西藏地热资源丰富的特点，建设了羊八井地热电站，有力地促进了西藏的发展。

地热资源开发的问题

在地热发电中，由于地热蒸汽的温度和压力一般都不如火力发电的高，因此发电的效率比较低。同时，如果将从地下抽上来的高温蒸汽通过汽轮机直接排放到大气当中，可能会造成严重的热污染。这些蒸汽也可能含有一些有毒气体，如果不处理还会严重污染大气。

热污染和产生有毒气体不仅是地热发电的问题，也是其他各种地热资源开发利用方式可能遇到的问题。在地热开发利用过程中，如果不加以处理，向外排放的大量热量和有毒气体，会造成周围的空气或水体温度上升，引发空气质量问题，影响生物的生长，破坏水体的生态平衡。此外，如果将地下抽取的含盐量较高的热水排入农田，会造成严重的土壤板结和盐碱化，导致土地减产，甚至无法种植作物。如果长期抽取地下热水，还可能导致地面沉降。

不过，随着科学家对地热资源的研究不断深入，我们已经注意到了这些潜在的问题，并在地热资源的开发利用过程中加以处理。比如，我们可以将地热蒸汽中的有毒气体除掉来避免污染空气，可以将冷水重新注入地下来避免地面沉降……随着技术水平的进步，我们一定能克服这些问题。

在本节的最后，我们介绍了开发地热资源所面临的一些问题，比如热污染、有毒气体排放等。科学家们也在想方设法解决这些问题。除了已经提到的办法，你有没有想到什么好办法来解决它们呢？

核能——小身材，大能量

核能，曾经是一种神秘的能源，如今已经成为新能源中重要的一分子，逐渐被大家熟知。和平开发和利用核能，对于应对人类文明发展过程中所面临的能源问题是非常重要的。

神秘的放射性

1896 年，法国物理学家贝克勒尔在研究铀盐（一种含铀的矿物）的时

候，惊奇地发现铀盐能够释放出一种射线，这种射线可以穿透黑纸使照相底片感光。这也是科学史上人类首次观察到矿物的放射性。贝克勒尔的这一发现意义深远，使我们对物质的微观结构有了新的认识，打开了原子核物理学的大门。

放射性物质很危险！

随后的1898年，居里夫妇又发现了放射性更强的钋和镭。此后，居里夫妇继续研究镭在化学和医学上的应用，并于1902年分离出高纯度的金属镭。由于天然放射性这一划时代的物理学发现，贝克勒尔和居里夫妇共同获得了1903年的诺贝尔物理学奖。居里夫人本人还获得了1911年的诺贝尔化学奖，成为世界上第一位两获诺贝尔奖的学者。但是当时人们并没有意识到放射性对人身体造成的伤害，因此居里夫人也并没有采取防护措施。由于长期接触放射性物质，她于1934年7月4日因再生障碍性恶性贫血逝世。后来的科学家们接棒，在她的研究基础上继续探索原子核物理的奥秘。

原子是什么样的?

对核能的开发和利用，离不开对“原子”的探索。我们先来说说原子。

原子是组成物质的基本单位，由原子核和电子构成。原子核位于原子的核心，占原子的绝大部分质量，带正电；原子核的外面是微小的、带负电的电子。一个原子就像一个微型“太阳系”，原子核像太阳，电子则像绕着太阳转动的行星。后来科学家又发现，原子核还可以进一步划分为更小的质子和中子。总的来说，除了由一个单独的质子和一个电子组成的氢原子外，其他所有原子都是由质子、中子、电子构成的。这就是原子结构的奥秘。

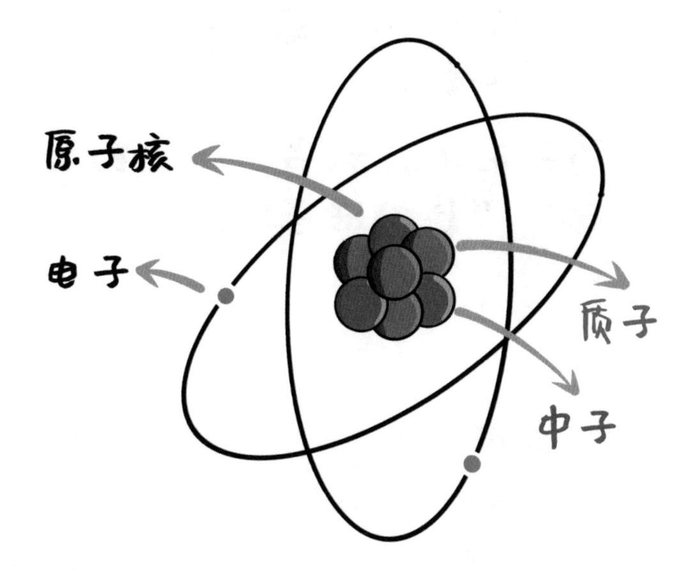

扩展阅读

在哲学和科学史上，“构成各种物质的最小单位是什么”始终是一个绕不开的问题。人类在探索这个问题的过程中经历了什么呢?

扫描二维码收看

元素的“身份证号”

在原子结构的秘密被揭开之前，科学家们就发现了不同元素具有不同的化学性质。但是，是什么原因导致了这种差异，当时的科学家并没有给出明确的答案。1869 年，俄国化学家门捷列夫根据当时已经发现的元素的相对原子质量的大小，总结发表了第一代元素周期表。

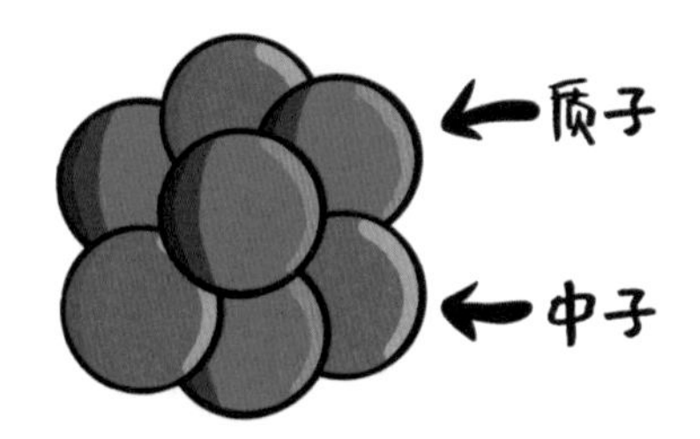

质子的个数相当于元素的“身份证号”。

原子结构的奥秘被发现后，元素性质有差异的原因就被揭开了。原来是不同元素的原子所包含的质子数和电子数不同！由于质子数和电子数是相等的，因此，科学家就用原子核所包含的质子数来给元素编号，质子数也就成为元素的“身份证号”。比如氢元素原子核包含 1 个质子，碳元素原子核包含 6 个质子，氧元素原子核包含 8 个质子 …… 正是它们质子数和电子数的差异导致了它们迥然不同的化学性质。由此，元素周期表的编排依据由相对原子质量的大小变为更加科学的质子数大小，最终形成现行的元素周期表。

元素的“孪生兄弟”

前面说到，质子的个数相当于一种元素的“身份证号”。那如果两个原子的质子数相同，但是中子数不同，它们还是同一种原子吗，该如何区分呢？其实，科学家也早就发现并考虑到了这一点，他们把这种质子数相同而中子数不同的原子互称为同位素。比如，只包含 4 个质子的铍（pí）元素有非常多种同位素，比如铍 -7、铍 -8 和铍 -9 等。它们的质子数都为 4，但是中子数分别是 3、4 和 5。

可以说，同位素就是同一种元素的“孪生兄弟”！

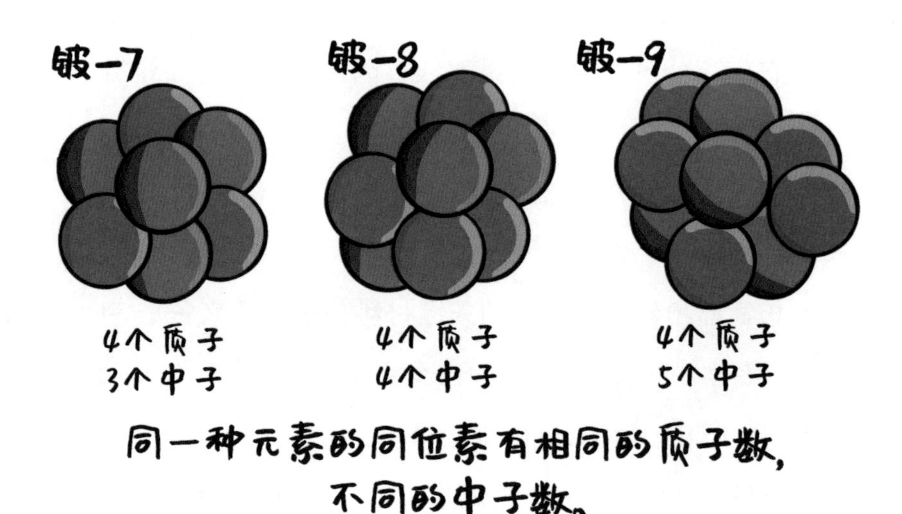

核辐射的由来

自然界中，不是所有的同位素都能长久稳定地存在。有些同位素的原子会自发地发射出一些由质子和中子构成的很小的碎片，这些碎片会以极高的速度向四周飞射出去，这就是核辐射的由来。

由于碎片带走了一些中子或者质子，原子就转变为同一元素的另一种同位素，甚至转变为另一种元素，这个过程叫作“放射性衰变”，这些不稳定的同位素因此也被称作“放射性同位素”。释放出的射线对人体有很大危害，但是如果使用得当，也能在诸多领域发挥重要作用。与放射性同位素相对应的是

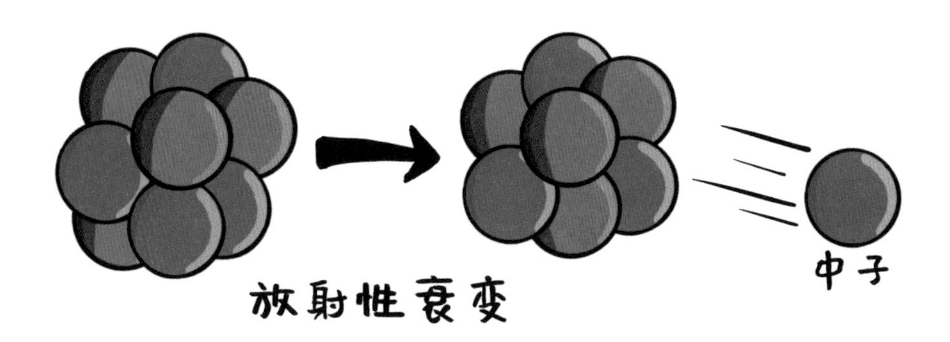

稳定同位素，它们不会自发地发射出射线，因此能够在自然界当中长期稳定存在。

核能的主角——铀

铀是制造核武器和建设核电站的关键材料。铀的英文名是“Uranium”，得名于天王星的名字“Uranus”。1789 年，克拉普罗特首先从沥青铀矿中发现了“铀”，就用 1781 年新发现的天王星为它命名，元素符号为“U”。前面介绍过 1896 年贝克勒尔的发现，他就是在研究含铀矿物的过程中发现了放射

性现象。大名鼎鼎的铀元素有铀 -234、铀 -235、铀 -238 等多种同位素，它们的质子数都为 92，但是中子数分别是 142、143 和 146。

早期人类对铀的研究并不深入，认为它不过是一种普通的放射性元素。直到 1938 年，哈恩和施特拉斯曼发现铀核的裂变能够释放巨大的能量，这才引起人们对铀的重视，铀也逐渐成为核能的主角。铀在核武器和核电站的发展中扮演着不可替代的角色。

有趣的链式反应

前面我们提到，大名鼎鼎的铀元素有多种同位素，其中，铀 -235 是进行核裂变反应的主角。当一个中子与铀 -235 的原子核发生碰撞时，铀 -235 的原子核会分裂成若干部分，并释放出中子。在这个裂变反应中生成的中子，又会进一步撞击铀 -235 的原子核，引发其他铀 -235 原子核的裂变，这就是核裂变的链式反应！

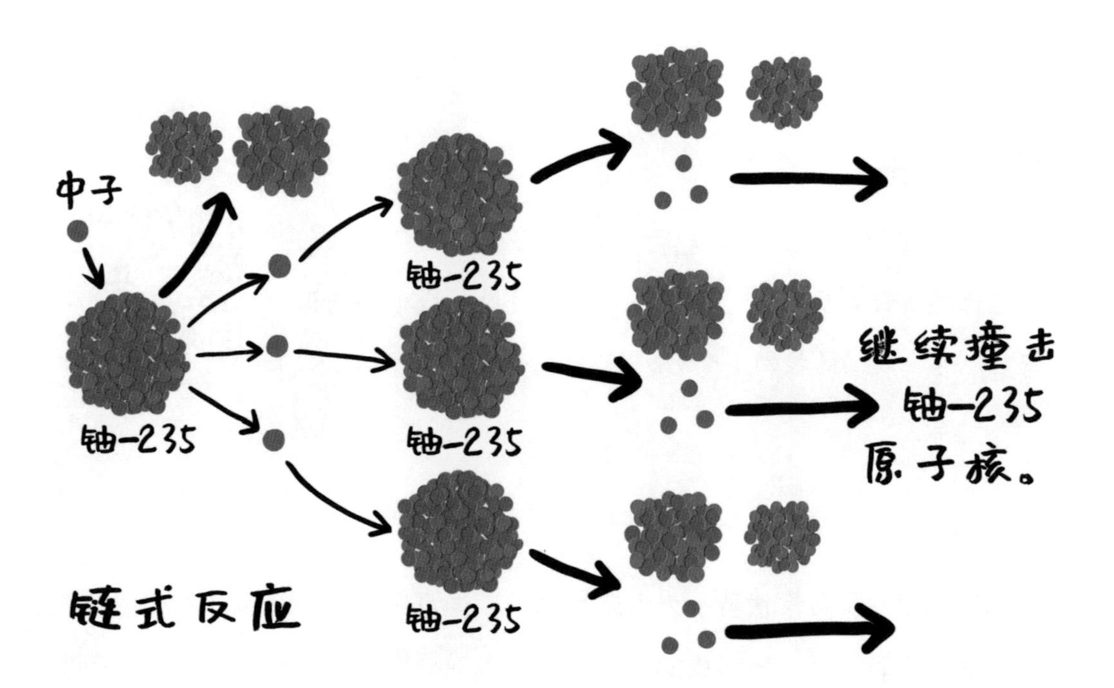

链式反应几乎可以在一瞬间完成，并释放出巨大的能量。原子弹的原理就是以铀-235 为主的放射性同位素通过链式反应，一瞬间释放出巨大的能量。制造原子弹的材料除了铀-235 以外，还有钚-239。在不到1 微秒的时间内，1 千克的铀-235 或者钚-239 通过链式反应所产生的能量，大约相当于2 万吨 TNT 炸药爆炸时的能量，这就是原子弹极具破坏性威力的原因。

原子弹

扩展阅读

核裂变能产生巨大的能量，这种能量是从哪里来的呢？此外，链式反应几乎是在一瞬间完成的，我们如何保证它能够在我们的控制下顺利进行呢？

扫描二维码收看

探索神秘的核电站

核电站以核反应堆代替了火电站的锅炉，通过用铀-235 制成的核燃料在核反应堆中“燃烧”产生的热量，将水加热生成蒸汽，再推动汽轮机和发电机产生电力。核电站通常由两大部分组成：与核燃料相关的部分称为核岛，发电

使用的汽轮机和发电机等常规设备称为常规岛。

核岛内最核心的部分就是核反应堆，而核反应堆最核心的部分就是堆芯。含有低浓度铀 -235 的核燃料棒在核反应堆的堆芯里发生受控的链式反应，并将产生的大量热量通过堆芯冷却系统，传递到外面来产生高温高压的蒸汽。随后，这些蒸汽就会被传送到常规岛内，推动汽轮机和发电机产生电力。核岛中

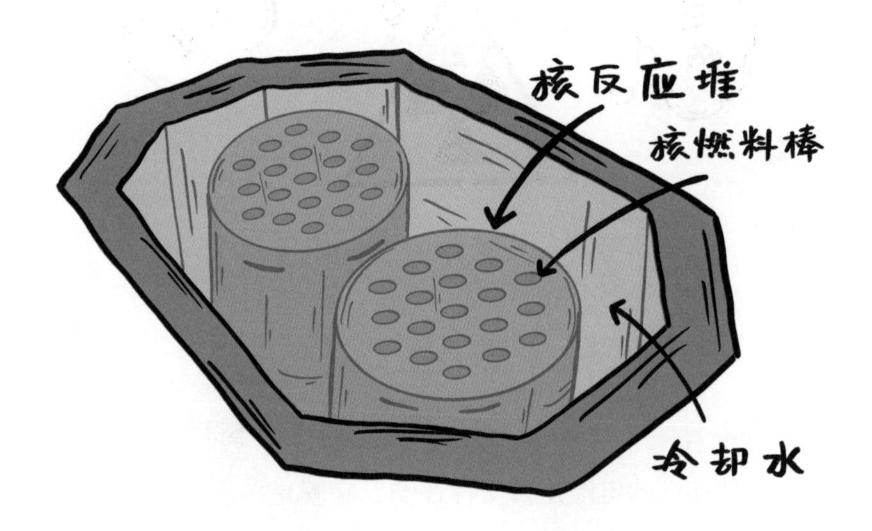

除了最核心的核反应堆外就是各种安全设施了，它们的作用是应对各种可能出现的意外情况，保持核反应堆安全稳定运行。

核辐射的妙用

核辐射对人体的伤害非常大。过量的核辐射照射会对人体造成伤害，会致病、致癌，甚至致死。而且，受照射时间越长，人体受到的辐射剂量就越大，危害也越大。

不过，核辐射在很多领域里有非常重要的价值。比如在医学领域，我们使用的 CT、伽马刀等都利用了放射性同位素的核辐射，而且低剂量的核辐射还可以用于癌症的放射治疗。在农业当中，核辐射可以用来育种、杀菌；在某些工业领域，核辐射可以用来辅助探测焊接位置和混凝土内部；在安保和海关稽查领域，核辐射可以用来辅助进行行李、集装箱和车辆透视检查，排除潜在的安全隐患 …… 总之，核辐射有很多妙用！

一块“用不完”的电池

如果说世界上有一种一辈子都不用充电，而且用不完的电池，你会不会惊讶万分？其实这种神奇的电池是真实存在的，它就是核能电池。

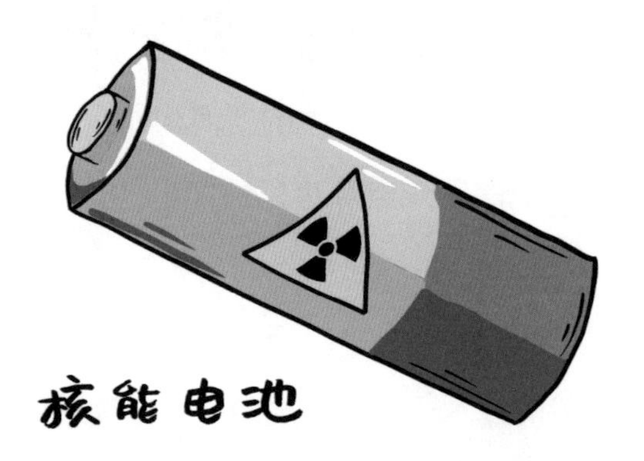

核能电池的原理很简单，就是将放射性同位素衰变产生的热能转化为电能。它具有两个非常重要的优势。一是放射性同位素衰变释放能量相当稳定，可以不受温度、压力、宇宙射线、磁场等的影响，因此特别适合用于深空探测器电源这种对可靠性要求非常高的地方。二是放射性同位素衰变的持续时间非常长，这就意味着核能电池的续航非常持久，几乎不用担心电量耗光的情况。相比之下，传统的依赖化学反应的电池对环境因素非常敏感，很难在如太空这样的恶劣环境中工作，并且储存的能量也有限。当然，核能电池也有缺点，比如有放射性污染、造价昂贵、能源转化效率不高等。

1958 年美国发射的第一颗人造卫星“探险者 1 号”上面的无线电发报机就是由核能电池供电的。1976 年，美国的“海盗 1 号”“海盗 2 号”两艘宇宙飞船先后在火星着陆，它们的工作电源也是核能电池。

利用核能，安全第一！

尽管利用核裂变发电的技术已经非常成熟，但是这项技术也有危险的一面。

切尔诺贝利核事故是历史上最严重的核事故。1986 年 4 月 26 日，位于乌克兰的切尔诺贝利核电站发生了爆炸，大量高辐射物质散播到核电站周围，导致至今切尔诺贝利地区仍然不适合人类生存。发生在日本的福岛核事故也是一场灾难性的事故。2011 年 3 月 11 日，日本东北太平洋地区发生里氏 9.0 级地震，地震导致的海啸对福岛第一核电站造成了破坏。由于事故处理并不及时，福岛第一核电站的 1、2、3 号机组的核反应堆堆芯发生爆炸，导致大量的放射性物质泄漏，甚至一部分流入海洋之中，给全世界的海洋生态环境带来不利影响。

由于核电站事故的严重性，各国都非常重视核电站的安全措施。“国际核事故分级标准”（INES）于 1990 年制定，旨在设定通用标准以及方便国际核事故交流。其中第 7 级为最高级别，其标准是有大量核污染泄漏到工厂以外，

核电站事故的危害非常大。

造成巨大的健康和环境影响。1986 年切尔诺贝利核事故和 2011 年日本福岛核事故就属于这一等级。

让人头疼的核废料

核能尽管不向环境当中排放二氧化碳和一些有毒气体，但是使用过的核燃料是环境保护的一大难题。除了使用过的核燃料，在核燃料生产、加工过程中也会产生一些具有放射性的废物，它们都属于核废料。核废料具有极强的放射性，而且半衰期可达数十万年。也就是说，在几十万年后，这些核废料依然有可能损害人类健康和生态环境。因此，如何安全、永久地处理核废料是核能开发利用的一个重大课题。随着技术的发展，各国大体提出了两个思路。

一是直接深埋，与核废料“耗时间”。如果核废料是液体，还需要先将其固化，防止带有放射性的液体渗透到地下水中。同时，还要注意给核废料散热。因为核废料内放射性同位素的持续衰变仍然能够产生大量的余热，这些热量如果不及时处理，甚至可能熔化装着核废料的容器，导致核废料泄漏。

二是通过一定的技术手段降低核废料的放射性，然后再深埋。这种方法是将高放射性的核废料处理成低放射性的核废料，缩短其衰变的周期，让它们能够更快地转变为没有放射性的物质，这样一来安全性就提高了。

核废料“变废为宝”

前面我们介绍了处理核废料的两种比较常规的方式。实际上，核反应堆当中核燃料的利用率并不高。当核反应堆内“温和的”链式反应无法自发地进行下去时，核燃料棒内其实还残余了不少铀-235，甚至比开采的铀矿石当中的铀-235浓度更高！于是，随着技术水平的进步，科学家们研究出了核废料的循环利用技术，有不少国家对核电站内“燃烧”过后的核燃料棒进行加工浓缩，重新放入核反应堆继续使用。

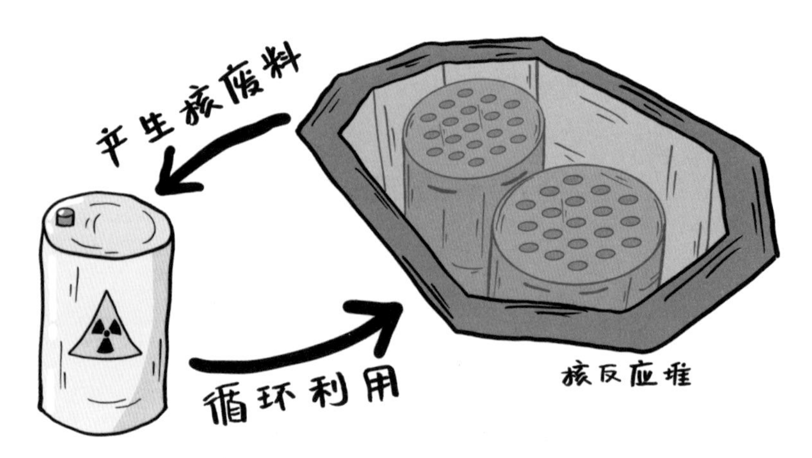

循环利用核废料能够“变废为宝”。

这种从核废料中“榨铀”的循环利用方式不仅能够提高核燃料的利用效率，还能减轻核废料填埋场的压力。早期由于技术水平不高，核废料循环利用的成本太高，使得这种方式没有得到大规模的应用。不过，随着科学家的不断探索，核废料的循环利用技术也在不断进步，例如法国、加拿大等国家都有比较成熟的核废料循环处理技术。

根据世界核协会的估计，截至2020年，全世界商用核能发电站一共产生了大约40万吨核废料，其中大约只有30%被循环利用。因此，核废料的循环利用技术还有很大的发展空间。随着技术的进步，相信核废料的循环利用一定可以在核能的发展当中大放光彩。

“越用越多”的核燃料

目前，我们不仅可以从核废料中收集残余的铀 -235，还能够从中分离出另一种应用广泛而且非常神奇的放射性元素 —— 钚。

在铀元素的同位素中，只有铀 -235 能够发生裂变，而铀 -238 不能发生裂变，因此绝大多数核电站都使用铀 -235 作为优质燃料。但是，铀 -235 在自然界当中非常少，而且会随着开采使用不断消耗。你可能会想，要是我们能够把铀 -238 利用起来就好了。科学家们还真找到了这样一种方法！这时，就需要神奇的钚“大显神通”了。

科学家们设计出了一种更加先进的核反应堆 —— 快中子反应堆。它使用钚 -239 作为核燃料。特殊的地方在于，快中子反应堆会在钚 -239 周围放置一圈铀 -238，当钚 -239 裂变产生的中子撞击到周围的铀 -238 时，就会将铀 -238 转变为钚 -239。在快中子反应堆内，1 个钚 -239 原子裂变能够将 12 ~ 16 个铀 -238 转变为钚 -239。也就是说，尽管反应堆一边在消耗钚 -239，但一边又在生成钚 -239，而且新生成的比消耗的还要多！也正是因为这样的优点，各国都在积极开发这项技术。我国的快中子反应堆早在

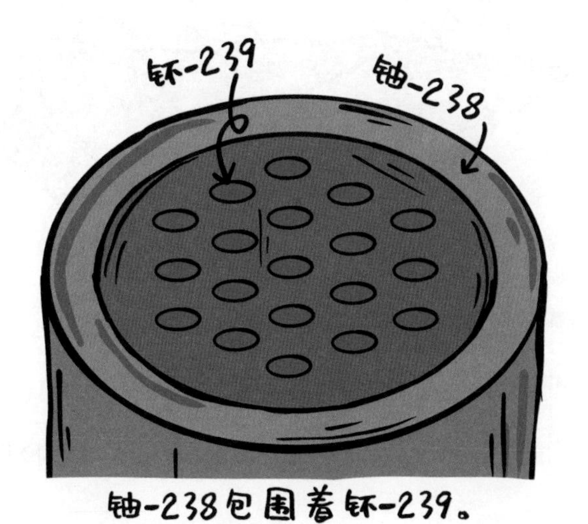

铀-238包围着钚-239。

2010年就已实验成功，实现了第四代先进核能技术的突破。

核电站有许许多多辅助设施来保障安全运行。请你查查资料，看看具体有哪些设施，它们又是如何保障核电站安全运行的呢？

为中国加“铀”

巧妇难为无米之炊

中华人民共和国成立之初，面对复杂的国际局势，我们下定决心要发展我们自己的核工业，保卫国家，保卫人民。但是在当时的技术水平和工业基础上，要发展核工业谈何容易。

广西富钟第一块铀矿石
——我国核工业的开山之石。

1954年秋，中国地质勘探队在广西富钟发现了铀矿石，这是我国核工业的开山之石，这块铀矿石的发现更加坚定了中国要搞出自己的核工业的决心。但是，核工业所需的原料到哪里去找呢？如果没有充足的核原料，一切计划都将沦为泡影。

李四光先生与铀矿

李四光先生作为当时的地质部部长，寻找铀矿的重任自然落在了他的肩上。李四光先生很早就从国外带回一台伽马射线仪，这台射线仪可以探测铀矿里的铀原子核发生衰变时释放出的射线，从而准确定位铀矿的位置。

李四光先生根据自己的理论提出了中国铀矿资源的分布规律，划出了铀矿大致的区域范围。1956 年，李四光出任原子能委员会副主任。在他的指导下，在一大批地质工作者的艰苦努力下，我们找到了 211 特大型铀矿床。到“二五”计划末期，中国已发现一系列铀矿床，铀的产量已经能够保证中国核工业的发展需要，为“两弹一星”事业奠定了坚实的物质基础！

铀矿的“训练场”

除了铀矿石的勘探，铀矿石的加工处理也至关重要。要发展核工业，需要大规模的铀矿勘探并且修建铀浓缩工厂。铀浓缩工厂就是铀矿的“训练场”，

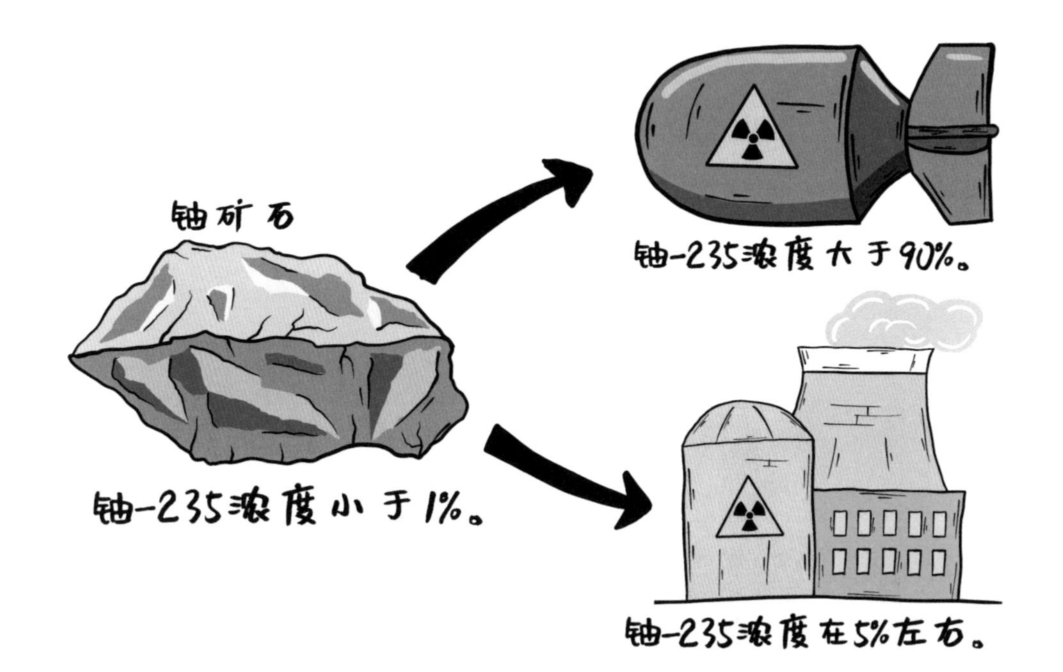

把铀矿石当中极其微量的铀 -235 提炼出来，达到核燃料棒所需要的 5% 左右的浓度和原子弹所需要的 90% 以上的浓度。

在进入铀浓缩流程之前，铀矿先要经过破碎、磨细、铀元素的浸取、离子交换、萃取、纯化等一系列步骤，得到铀含量相对较高的重铀酸铵等中间产品。重铀酸铵是一种非常重要的核浓缩原料，因其颜色是黄色，也俗称为“黄饼”。随后，这些中间产物会被转化为六氟化铀，用于铀 -235 的分离。

扩展阅读

同一种元素的不同同位素之间化学性质极其相似，只有质量存在微小差异。因此我们无法用一般的化学过程将铀 -235 分离出来，一起来看看科学家们是如何将铀 -235 从它的同位素铀 -238 中分离出来的。

扫描二维码收看

我国核工业的发展

经过无数科研工作者夜以继日的努力，1964年10月16日，中国自行研制的第一颗原子弹在新疆罗布泊爆炸成功。1967年6月17日，我国第一颗氢弹爆炸试验成功。一时间，举国沸腾，举世震惊。

罗布泊上的巨响

除了原子弹、氢弹，1970年12月26日，我国自主研制的第一艘核潜艇成功下水，我国由此成为世界上第五个拥有核潜艇的国家。同时，我们的核工业体系越来越完善，涉及铀矿开采、铀矿粗加工、铀浓缩、元件制造和核武器研制等方方面面。经过多年的发展，我国已成为世界上为数不多拥有完整核工业产业链的国家，为我国核能的和平利用奠定了坚实基础。到今天，以“华龙一号”为代表的我国自主研发的第三代核电技术标志着我国已经跻身世界核电技术领域前列。

核潜艇

在中国制造第一颗原子弹的奋斗历程中，有很多爱国科学家为祖国奉献了自己的一生。你知道有哪些科学家是“两弹一星”元勋吗？请你查查资料，了解一下他们的光荣事迹吧。

能燃烧的“冰”

如果有人告诉你，世界上存在一种可以燃烧的“冰”，你可能会觉得十分荒谬。冰是由水凝固而成的，而水和火是天生的“死对头”，怎么可能存在会燃烧的冰呢？实际上，这种“冰”不仅存在，而且在全球广泛分布。这种神奇的“冰”是什么呢？

神奇的“冰块”

所谓可以燃烧的“冰”，其实是天然气与水在低温、高压条件下形成的结晶物质，因为外观特别像冰，但是遇火又可以燃烧，因此被称为“可燃冰”，

可燃冰

又叫“气冰”“固体瓦斯”等。

可燃冰一般藏在海底沉积物之下或陆地的永久冻土中。由于分布浅、分布范围广泛、总量巨大，可燃冰受到了世界各国政府和科学界的密切关注。自20世纪60年代起，以美国、日本、德国、中国、韩国为代表的一些国家纷纷制订了可燃冰勘探开发研究计划。我国有着非常丰富的可燃冰资源，主要分布在南海海域、东海海域、青藏高原冻土带以及东北冻土带。经过科学家不断的探索和尝试，我们已经在南海北部神狐海域和青海省祁连山永久冻土带取得了可燃冰实物样品，为未来的大规模开发积累了宝贵的经验。

可燃冰是如何形成的呢？其实和石油、天然气一样，可燃冰也来源于古生物遗骸。这些古生物遗骸经过细菌分解产生甲烷，在低温和高压的环境下形成可燃冰，这也解释了为什么绝大部分可燃冰都在低温、高压的海底或者冻土带。

理想的清洁能源

可燃冰之所以比煤炭、石油和天然气这些传统化石燃料对环境更加友好，就是因为它具有一些独特之处。

首先，可燃冰的成分是甲烷。1个甲烷分子由1个碳原子和4个氢原子组

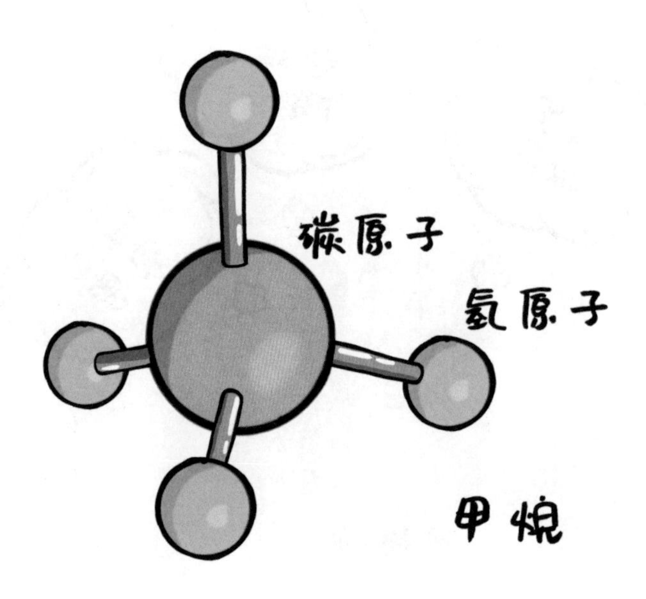

成。它在燃烧后只产生二氧化碳和水，而不会产生有毒有害气体和粉尘等，因此比煤炭和石油更加清洁、更加“绿色”。同时，可燃冰的能量密度非常大。所谓能量密度，就是指单位体积的能源所释放出来的能量。能量密度越大的能源，单位体积释放的能量就越多。根据科学家的研究，1 立方米可燃冰燃烧产生的热量大约相当于 164 立方米天然气燃烧产生的热量。此外，可燃冰潜在的储量非常大，很有潜力取代煤炭、石油、天然气这些传统的化石能源。鉴于这些原因，可燃冰也被誉为 21 世纪最理想的清洁能源之一。

开采可燃冰可不简单

尽管可燃冰有这么多优点，但开采它们的难度很大。首先，甲烷和二氧化碳一样，也是温室气体，如果开采的时候稍有不慎，就有可能导致向大气中排放大量的甲烷气体，这将进一步加剧全球的温室效应。同时，在海底开采可燃冰的时候，如果有甲烷泄漏到海水中，则会很快发生微生物的氧化反应，从而改变海水的化学属性，使得海洋酸化，海洋环境遭到破坏，加速海洋生物的死亡，造成生物礁退化，进而破坏海洋生态平衡。

此外，开采可燃冰会导致海底的地层结构稳定性变差，容易引发海底滑坡、海底坍塌等地质灾害，进而毁坏海底输电通信电缆、海洋石油钻井平台等设施。因此，各国在开展可燃冰开采的研究时都是“如履薄冰”，非常小心的。

除了这些环境方面的考虑，可燃冰开采还面临着一个重大挑战，即开采活动对海上钻井平台有非常高的要求。现阶段还没有比较成熟的技术来解决这个问题。不过，目前很多国家都在大力发展海上开采技术，我国的海上钻井平台技术也走在世界前列。

走近海上钻井平台

在海上，尤其是深海，钻井难度比在陆地上大得多。在海上钻井，我们主要需要对付海浪、潮汐和大风，它们会使钻井平台不停晃动，使我们根本没法工作。对此，我们主要有以下几种办法。

如果海水不深，我们可以用钢材或者混凝土直接修一个从海底到海面的平

台，就像建一座“人工岛”一样，然后架设钻井平台。不过这种方法成本太高，而且当海水比较深的时候就不适用了。此外，我们也可以建造钻井船。不过，钻井船“能力有限”，对深度比较大的钻井任务无能为力。为此，工程师设计出了钻井船的“放大版”，即一种借助海水浮力漂浮在海面上的“巨无霸”钻井平台。它们比钻井船体形大多了，工作的时候借助锚链或者桩腿固定。它们能在数千米深的海域工作，并且能钻出数千米深的井。说到这里，就不得不提我国自主设计和建造的“蓝鲸 1 号”深海钻井平台。它的面积足足有一个足球场那么大，体重大约有 4.4 万吨，可以在约 3600 米深的海域钻出超过 15000 米深的井！可以说，“蓝鲸 1 号”代表了当今世界深海钻井平台设计和建造的最高水平，我们在南海实验开采可燃冰靠的就是它！

扩展阅读

目前开采可燃冰的方法有哪些呢？

扫描二维码收看

思考和探索

可燃冰的主要成分是甲烷，与天然气是一样的。它们之间有什么联系呢？

第三讲

来自地上的新能源

来自太阳的馈赠

除了深藏在地球内部的能源，照耀在大地上的阳光、迎面吹来的风、奔腾的水流…… 这些熟悉而常见的事物也蕴藏着巨大的能量。而这一切能量的终极来源都是我们所熟悉的太阳。那么，太阳能到底有哪些神奇之处呢？人类又是如何开发和利用太阳能的呢？

气态的太阳

晴日早晨，当你抬头望向那轮初升的太阳，是否好奇过，这又热又亮的太阳是由什么组成的呢？太阳从表面到中心，全都是由气体组成的。太阳，正是一个燃烧着的“气体火球”。这个庞大的球体主要由氢、氦和少量其他元素组成。事实上，宇宙中的恒星基本上都是这样的气体球。

太阳是由气体组成的恒星。

想必你会疑惑，太阳是个气体球，为什么气体不向四面八方逸散呢？这是因为，太阳的质量很大，它产生的引力拉住了要“逃跑”的气体，就像地球的引力“束缚”了人类赖以生存的大气圈一样。

扩展阅读

太阳这个气态球体的巨大能量是从哪里来的呢？

衣食住行，处处有它

正是太阳持续、稳定地向地球输送光和热，地球上才有生机勃勃的万物和欣欣向荣的景象。回顾人类漫长的历史，太阳在其中发挥了不可或缺的作用。最古老、最直接、最简单的太阳能利用方式便是“晾晒”，如通过日晒来生产盐、晾干粮食和衣物等。这也是最简单、最直接的利用太阳能的方式。

真正将太阳能作为“新能源”，则是近几十年来的事。20 世纪 70 年代，“能源危机”促使各国加强了对太阳能的开发利用。随着技术发展，太阳能热利用技术日趋成熟。太阳能开始广泛应用于家庭用水加热、房间加热、游泳池加热和一些工业领域。我们生活中常见的太阳能热水器，便是利用太阳光将水加

人类利用太阳能的各种方式。

热，以满足人们在生活中的热水使用需求。在农业、畜牧业和渔业等的现代化发展中，太阳能温室已成为不可缺少的技术装备，利用太阳能来提高塑料大棚或玻璃房内的温度，能很有效地帮助动植物生长。

用太阳能来发电

除了这些应用以外，太阳能最主要的开发方式是用来发电。利用太阳能发电有两种方式，一种是利用太阳的热量，另一种是利用太阳的光能。

太阳能热发电是将太阳能中的热能收集起来，将水加热产生高温水蒸气，蒸汽再推动一种特殊的蒸汽发电机转动，从而产生电力。在许多发达国家，这种技术已经达到了实际应用的水平。

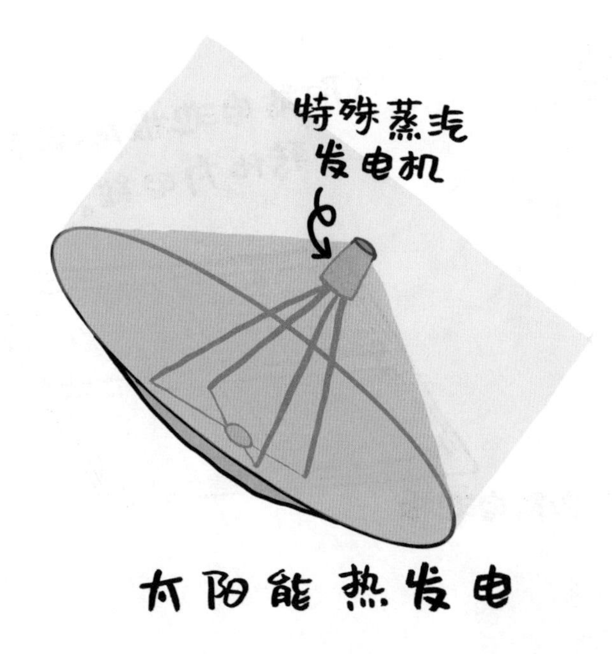

比利用热能发电更普遍的是利用太阳能中的光能发电，也就是直接将光能转变为电能，包括光伏发电、光化学发电、光感应发电等。其中，光伏发电是主流。理论上，光伏发电可以用于任何需要电源的场合，上至航天器、下至家用电源，大到发电站、小到玩具，光伏电源都适用。

揭开光伏发电的神秘面纱

将太阳能高效地转化为生产生活中便于利用的电能，是人类长久以来的目标。在众多太阳能发电技术中，光伏发电是应用最广、潜力最大的一种。光伏发电究竟是怎么一回事？太阳光怎么会直接变成电呢？

早在19世纪中期，法国物理学家贝克勒尔就发现，光照能使一种特殊材料的不同部位之间产生电压，这种现象后来被称为“光生伏特效应”，简称“光伏效应”，其中“伏特”指的是电压。这种特殊的材料正是大名鼎鼎的“半导体”。是的，半导体不仅是电子产业的核心材料，也是光伏能源产业的核心材料。将很多个能产生微弱电压的半导体元件组合在一起，就组成了一个太阳能电池单元——太阳能电池板。

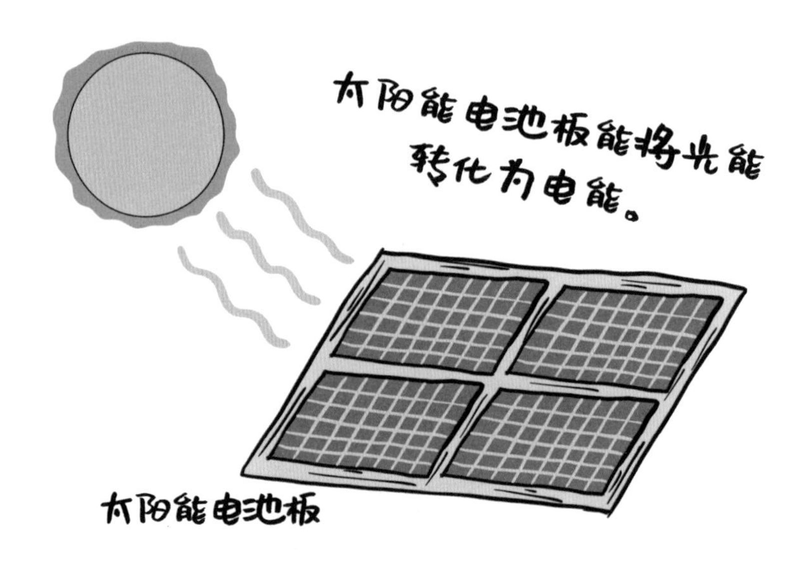

扩展阅读

根据导电性能的不同，材料可以分为导体和绝缘体。我们通常把导电性能较好的材料，如金、银、铜、铁、锡等称为导体，而把导电性能较差的材料，如塑料、玻璃、橡胶、陶瓷等称为绝缘体。那么，半导体是什么呢？

扫描二维码收看

“取之不尽，用之不竭”

据科学家估算，太阳的寿命大约为100亿年，而目前太阳正处于“壮年时期”，约为45亿岁。也就是说，要等50多亿年后，太阳内部的氢才会消耗殆尽，逐渐走向生命的终点。而几十亿年的时间长度于人类而言是无比漫长的。因此，太阳能可以说是“取之不尽，用之不竭”的能源。而且，太阳内部每时每刻都在进行着剧烈的核聚变反应，并不断向宇宙空间输送能量。

我们的太阳正值“壮年”。

与石油、煤炭、可燃冰等产于特定区域的资源不同，太阳能还有另一个特点，即分布极其广泛。我们知道，太阳光始终普照着大地，无论陆地表面或海洋表面，无论高原或盆地，皆能“沐浴”到太阳光。而且太阳能无需开采、运输，就可以直接开发利用。另外，开发利用太阳能几乎不会造成环境污染，在环境问题日益突出的当下，太阳能无疑是一种理想的绿色能源。

“不完美”的太阳能

尽管太阳能拥有许多为人称道的优势，它也有不少缺点。

首先，太阳能的地域分布是不均匀的。比如，赤道地区和极地接收到的太

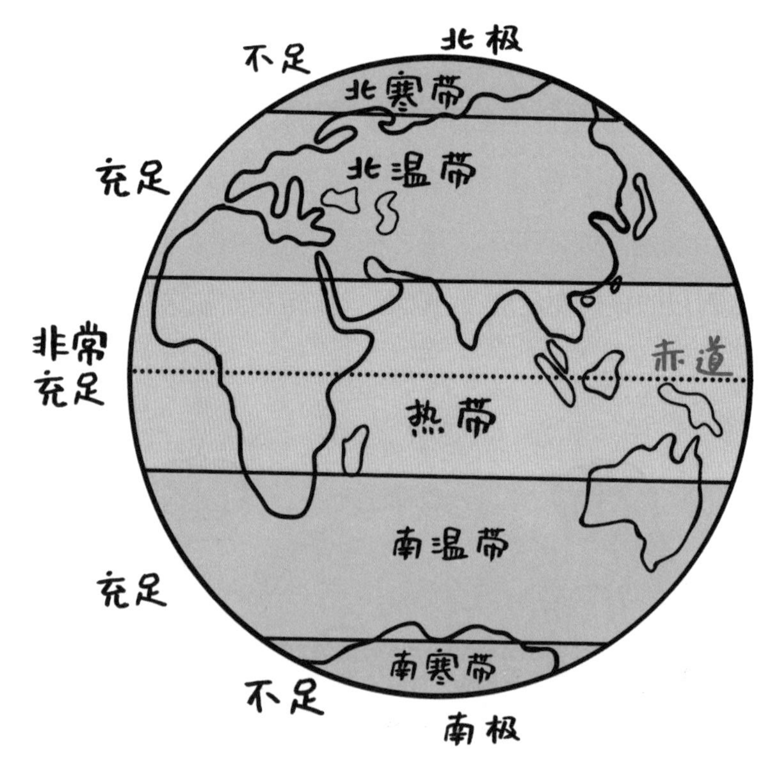

阳能显然是不同的。而且，要想高效利用太阳能，往往需要相当大面积的能量收集和转换设备，这在一定程度上限制了太阳能的实际应用。

其次，太阳能的不稳定性也给开发利用带来了很大的挑战。显而易见，太阳不会 24 小时挂在天空中。一旦日落西山，太阳能电池就会立刻“罢工”。季节更替也是造成太阳能不稳定的一个重要因素，冬季日照相较夏季显著减少，光伏发电的效率也会显著降低。另外，虽然太阳每天都会升起，但阳光却不是每天都能全部到达地面，雨、雪等天气状况会对太阳辐射造成很大的影响。假如遇到阴雨天气，厚厚的云层会挡住大部分阳光。

中国欣欣向荣的光伏产业

尽管太阳能利用还存在不少困难，但太阳能发电已经成为我国使用规模最大的新能源发电方式之一。在诸多利用太阳能发电的技术当中，光伏发电的装机容量（每小时理论发电量）占全部太阳能发电的 99% 以上，堪称太阳能发电技术的主力军。

2013 年，我国光伏发电新增的装机容量位居全球第一。截至 2020 年年底，我国光伏发电累计装机容量达到了 25300 万千瓦，连续 6 年居于全球首位。未来，光伏发电将有望成为我国的核心能源利用形式。

此外，我国光伏制造规模也在逐步扩大。早在 2007 年，我国太阳能电池的产量已跃居全球第一。截至 2018 年年底，我国光伏组件的累计产量占全球总产量的三分之二以上，年产量连续 12 年处于全球领先地位。

我国光伏制造能力持续增强的同时，相关技术水平也在不断提升。近年来，我国在太阳能光伏技术领域取得了重大突破，部分核心技术实现了全球领先，各种新型太阳能电池技术快速发展，为我国光伏产业发展打下了良好的基础。

太阳能热水器曾在我国风靡一时。大约10年前，我国一度成为全球太阳能热水器生产量和使用量最大的国家。如今，太阳能热水器市场却逐渐陷入低迷。结合太阳能的特点，想一想，利用太阳能加热生活用水有哪些好处，又有哪些不便之处？

风能——隐形的能量

一阵风吹过，树上的叶子哗哗作响。这幅最日常的景象中潜藏着一种看不见的能量——风能。风吹动树叶的时候，也将自己的能量传递给了树叶，使它们舞动起来。那么你是否思考过，风究竟蕴藏着什么样的能量呢？

风从哪里来？

要了解风能，首先得了解风从哪里来。在炎热的夏天，如果你拿起扇子扇了两下，原本“静止”的空气就会流动起来，形成一阵微风。这告诉我们，风是空气流动的结果。

聪明的你一定会感到疑惑，自然界中并不存在这样一把巨大的“扇子”，那凛冽的西北风、温暖的春风、醉人的海风都是从哪里来的呢？其实，它们的形成和太阳息息相关。当太阳光照射地球表面时，地表温度升高，靠近地表的空气也会受热膨胀，变得更轻盈，于是会缓缓上升。但是，不同地区升温的速

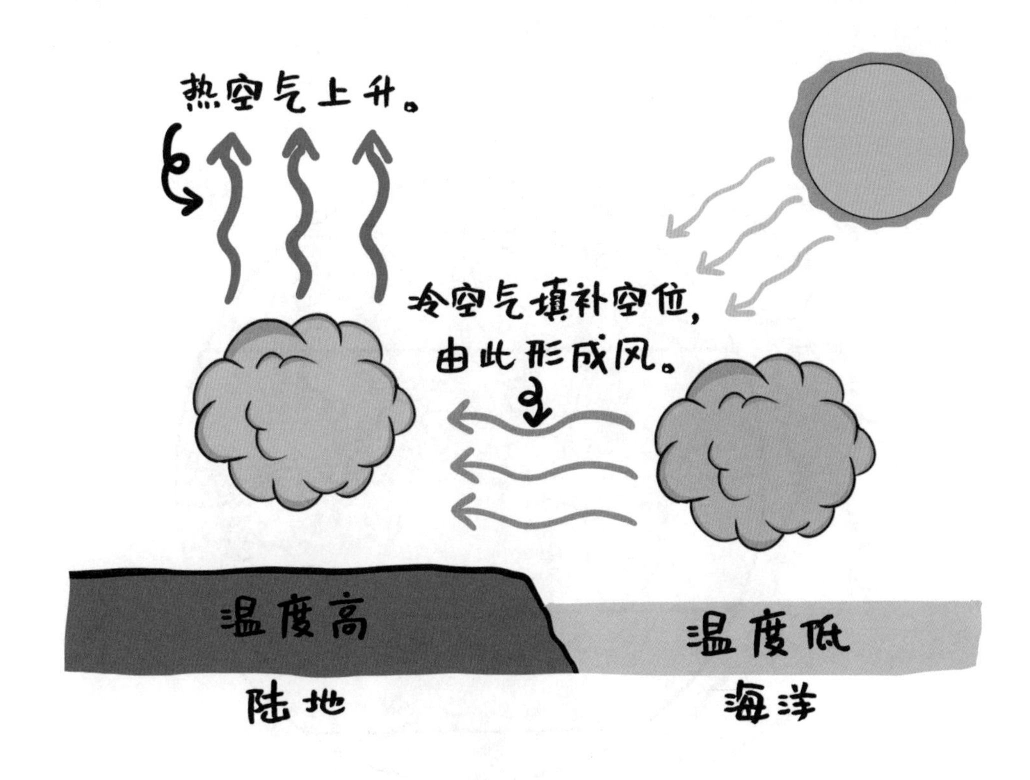

度不一样，比如陆地表面升温快，而海洋表面升温慢。这样一来，陆地上的热空气上升，海洋表面的冷空气就不得不向陆地运动来填补空位，由此形成了从海洋吹向陆地的风。

风的“环球旅行”——大气环流

陆地和海洋之间的温度差能够形成风，赤道地区和极地之间的温度差也能形成风。由于地球各个纬度地区接收的太阳辐射不同，不同纬度地区地表温度不同，便会产生大范围、规律性的空气运动，科学家把这种风称为“大气环流”。

但是，不管是大范围的风，还是陆地与海洋之间小范围的风，都离不开太阳的作用。因此，风能也被认为是与太阳能密切相关的一种新能源。并且，只要太阳还在，风能也是取之不尽、用之不竭的。

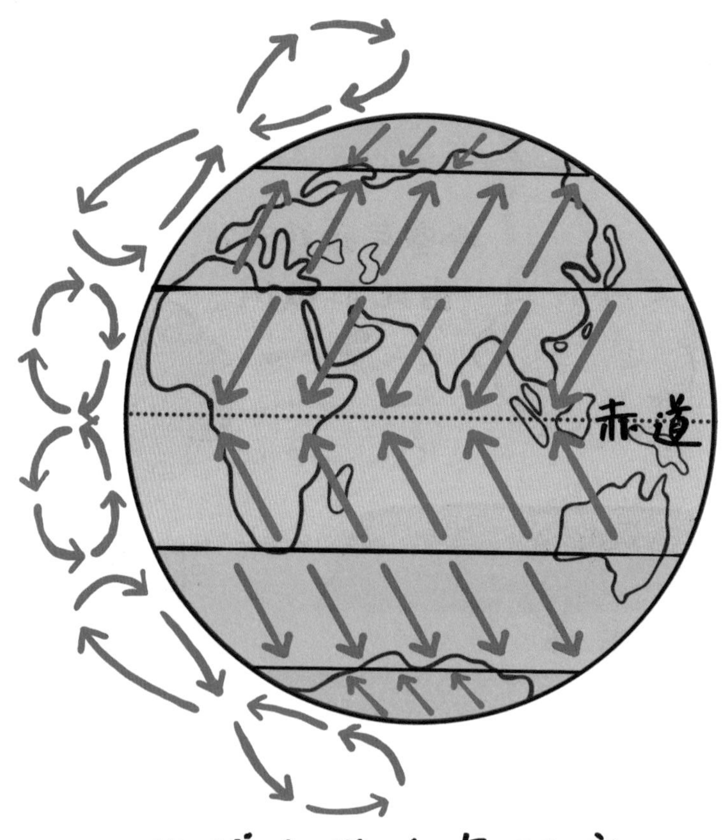

地球上的大气环流

"顽皮"的风

自然界中的风能资源十分丰富。然而，风能的分布很不均匀。尽管人类已经初步摸清了风的基本运动规律，但其中仍然存在着许多需要深入探究的问题。比如，美国气象学家爱德华·洛伦兹曾提出著名的"蝴蝶效应"问题：南美洲亚马逊河流域热带雨林中的一只蝴蝶，偶尔扇动几下翅膀，可以在两周以后引起美国得克萨斯州的一场龙卷风。

除了受到太阳辐射的控制，风还会因地球自转而发生偏转。更复杂的是，风还受到地形的影响。例如，山谷和海峡能改变气流运动的方向，丘陵等低矮

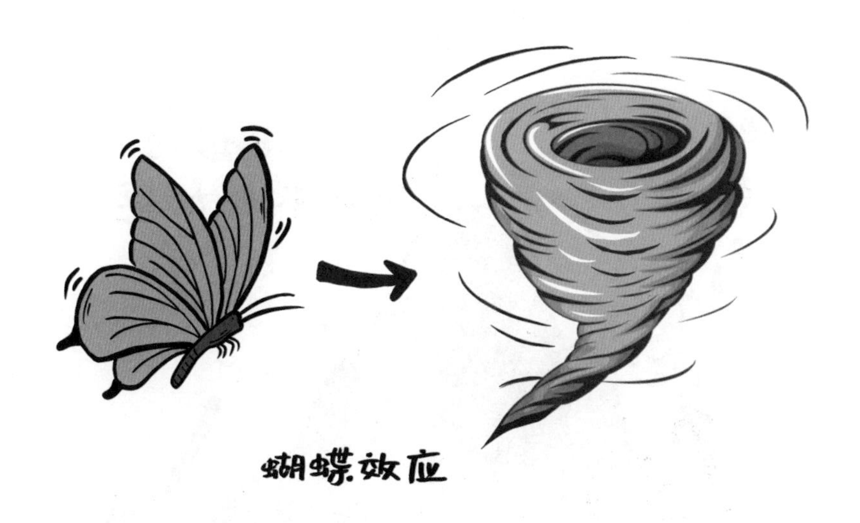

的山地能够通过摩擦作用使风速减小，而孤立山峰能使风速增大……风如此“顽皮”，决定了风能资源在地球上不同区域分布的差异巨大。

从全球来看，非洲中部、美国西部沿海、东南亚、我国西北内陆和沿海等地的风能资源比较丰富。具体到我们国家，根据科学家多年观测积累的资料，我国的风能资源分布可以划分为丰富区、较丰富区、可利用区和贫乏区四类。

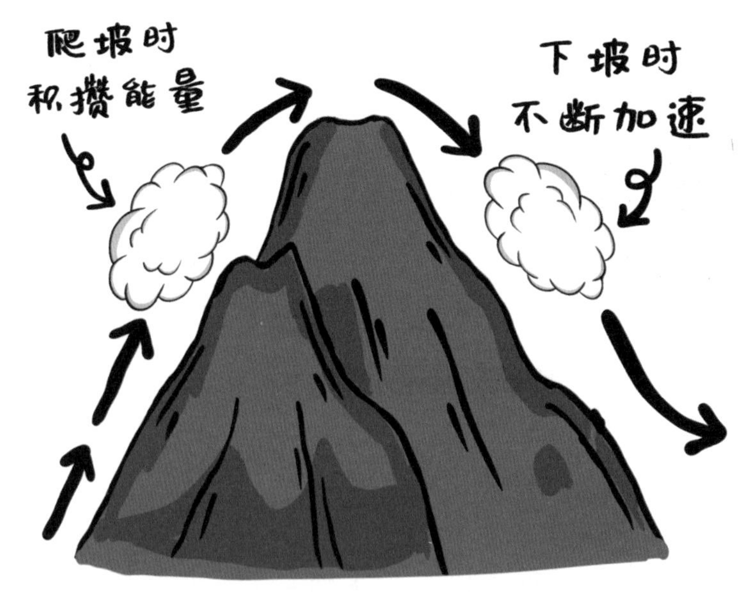

高山能够使风速增大。

其中风能资源丰富区包括我国北方的克拉玛依、敦煌、二连浩特，以及沿海的大连、威海、舟山等城市。

人类的好帮手

风能利用历史悠久。我国是世界上最早利用风能的国家之一。东汉刘熙所著的《释名》中说："帆，泛也。随风张幔曰帆。"意思是："帆，是用来泛舟的。顺着风势张挂的布幔叫作'帆'。"风帆正是人类利用风能的开端，是风能最早的利用方式。即便是在机动船舶已广泛应用的今天，为节约燃油、提高航速，古老的风帆依然发挥着助航作用。

除了助力航运，古人还开发了多种风能利用方式，如风力提水、灌溉、磨面等。其中风力提水从古至今一直有着较普遍的应用，现代风力提水机不仅可以汲取河水、湖水用于农田灌溉、水产养殖，还能在草原汲取深井地下水。

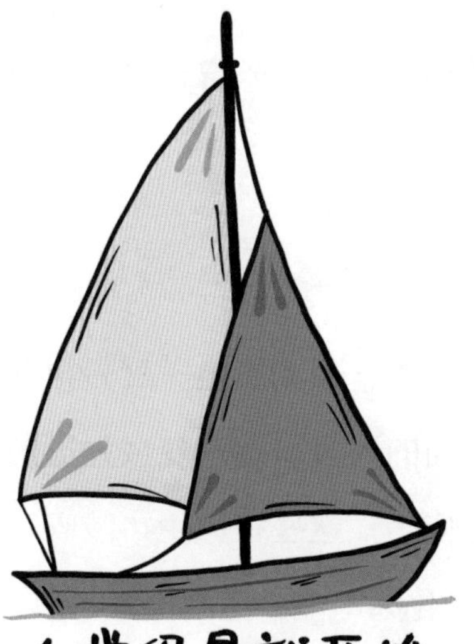

虽然风能利用曾一度在工业革命的冲击下变得黯淡无光，但近几十年来，在常规能源告急和生态环境恶化的双重压力下，风能作为一种无污染、可再生的能源又焕发出新的活力。如今，古老的风能利用方式逐渐退出主舞台，风力发电作为新技术在世界各地蓬勃发展，尤其对于远离电网的沿海岛屿、交通不

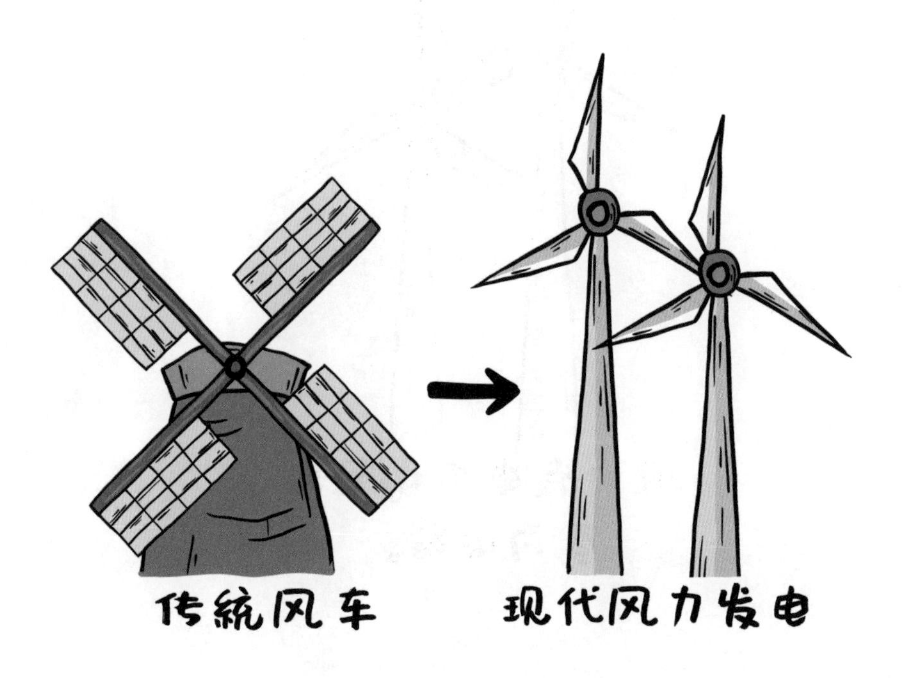

便的偏远山区、地广人稀的草原牧场来说，风力发电是一种十分重要的解决生产和生活中能源问题的可靠途径。

“吱呀吱呀”——转动的大风车

在风能的种种利用形式中，风力发电无疑是目前最常见、发展速度最快的形式。曾经用于抽水、磨面的大风车逐渐变成先进的风力发电机，在世界各地风能资源丰富的地区广泛应用。这些在风中“吱呀吱呀”转动着的现代“大风车”，源源不断地将风能转化为电能，送至千家万户。

大部分现代风力发电机的外形看起来十分简单，一根支柱，上面架着三张叶片。从远处看，风力发电机的“体形”似乎很小，但实际上它十分高大，因为越高的地方风速越大，风能也就越大。当风吹来的时候，叶片开始转动，带动发电机运作，最终将风能转化为电能。

风力发电机的工作原理看起来似乎很简单，但其实它的内部结构比我们想象的复杂多了。与叶片相连的机舱中容纳着一台“聪明”的计算机。它能根据实际风向调整叶片的角度，使叶片始终正对着风。

变速箱的“功劳”

如果你见过真正的风力发电机，会发现有时候它们的叶片转得很慢很慢，这主要是因为风能供给不稳定，风力小时叶片就转动得很慢，同时，这也和风力发电机本身“体重”过大有关。那么，当叶片旋转得比较慢时能产生电力吗？

其实，在风力发电机的机舱内，还有一个连接叶片和发电机的变速箱。变速箱里面装着大小不同的齿轮。当大齿轮带动小齿轮转动时，小齿轮的转动速度会变快。根据这个原理，缓慢转动的叶片先推动变速箱内的大齿轮运转，然后大齿轮带动小齿轮以更高的速度转动，最终使发电机达到较高的转速。这样一来，就算叶片转动慢，只要有变速箱，发电机也能以一个较高的速度工作。

变速箱通过大齿轮带动小齿轮来让转速增大。

正因为如此，只要达到3米每秒的微风速度，风力发电机便可以发电。由此看来，变速箱的“功劳”可不小呢！

风力发电，利弊共存

风力发电有着独特的优势。首先，可用于发电的风能资源相对充足，而且还是一种取之不尽、用之不竭的动力。其次，风力发电易于建设和运行，这也是它蓬勃发展的一个重要原因。风力发电场的建造成本较低，而且对地形的要求不高，在山丘、河堤、海岸、荒漠等地均可建设。风力发电场的建设周期一般很短，安装完毕后就可以立即投入使用。此外，风力发电设施运行简单、运行成本低，通常不需要工作人员值守。因此，除了常规的保养维护之外，其他的投入很少。最重要的是，风能是一种清洁、环保的绿色能源，几乎不会造成环境污染。

然而，风力发电也存在不可忽视的缺点。首先，风能具有不稳定性。前面我们也提到过，风速往往随大气温度不断变化，还会受到地形等因素的影响，因此作用在风力发电机上的风力的大小是不可控的，这就会使发电的稳定性受到影响。其次，虽然风力发电对地形要求不高，但由于风能的分布不均匀，风力发电受地理位置限制严重，只能将发电场建在风能资源丰富的区域。同时，由于能量转换效率比较低，不可能只建造几座风力发电机，因此往往需要大量土地兴建规模巨大的发电场，才能获得比较充足的发电量。

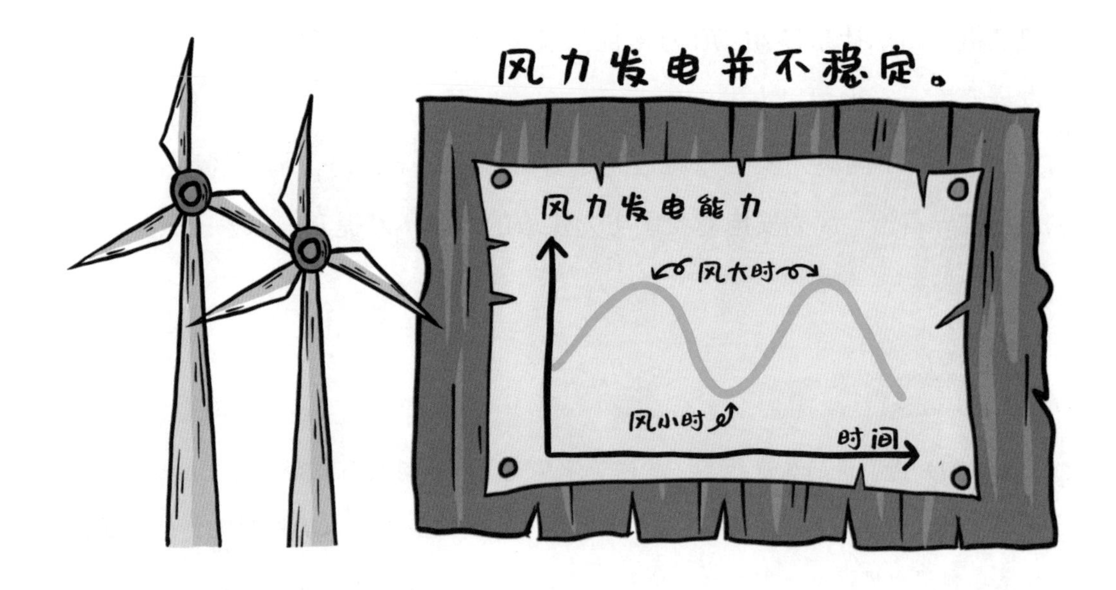

当然，随着科技的进步，风力发电效率在逐步提高，这些难题也可能在未来被一一解决。

我国风力发电的发展历程

我国位于亚欧大陆的东部，濒临世界上最大的大洋——太平洋。巨大的海陆温差使我国形成了世界上最大的季风区之一。加上辽阔的国土面积、复杂

的地形，我国风能资源“量大面广”。根据科学家的统计，我国风能总储量高达 32.2 亿千瓦，居世界第一位。巨大的风能资源为我国新能源开发提供了优良条件。

20 世纪 80 年代以来，我国先后从丹麦、比利时、美国等国家引进一批中、大型风力发电机组，在新疆、内蒙古、浙江、广东等地建立了示范性风力发电场。此后，在国家政策的大力支持和科研工作者的不懈努力下，我国风电装备制造业从无到有、由弱变强，风力发电在我国逐渐实现了快速稳定的发展。

21 世纪以来，风力发电的发展势头更为迅猛。截至 2010 年年底，我国风电装机容量总计超过 4000 万千瓦，首次超越美国，跃居世界第一。如此快的发展速度，在世界风电发展史上可谓空前！据国家能源局统计，仅 2021 年前 11 个月，全国风力发电量就达到了 5866.7 亿千瓦时，海上风电装机容量也跃居世界首位。风力发电对全国电力供应的贡献不断提升，未来前景广阔。

思考和探索

我们知道，风的速度越高，其能量就越大。在我国东南沿海地区，每逢盛夏，便经常发生台风。那么，这些风力如此之大的台风能否为人类所用呢？想一想，如果要利用台风发电，需要考虑哪些因素，又可能会带来哪些不良后果？

蕴藏在水中的能量

地球上河流、湖泊和海洋的总面积远超陆地，水能资源极其丰富。水能是一种特殊的能源：既属于常规能源，又具备可再生性；既是一次能源，又可以通过水力发电方便地转换为二次能源——电力。因此，水能是众多能源中唯一同时属于一次能源、常规能源、可再生能源的优质能源。

什么是水力发电?

为了充分利用蕴藏在河流、湖泊、海洋中的水力能源，人们开发出多种多样的水力发电方式，一般可分为河川发电、抽水蓄能发电、潮汐发电三大类。其中，发展较快的河川式电站，又称常规水电站，一般是通过修建拦河坝将河流的水汇集起来，提高上下水位的落差，然后让高处的水沿着特定的通道流动，驱动水轮机旋转，从而带动发电机产生电力。

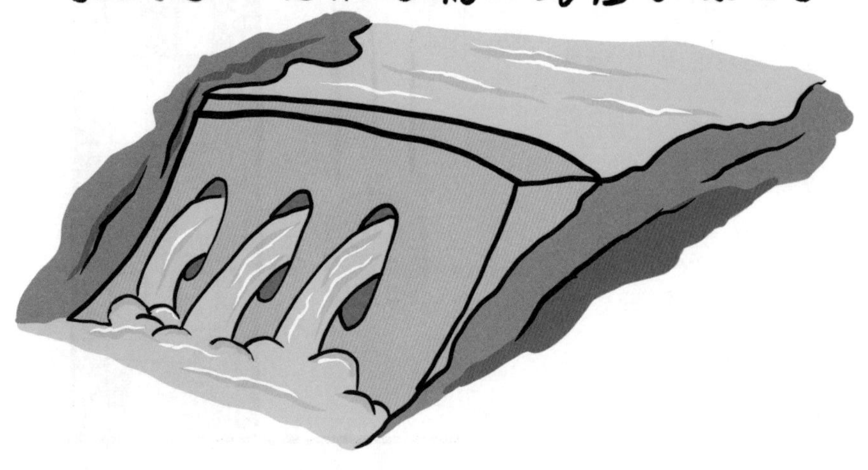

水力发电具有洁净、可再生、可综合利用等优势，同时也存在工程投资大、建设周期长、对建设区域生态环境有一定破坏等不足。水力发电对生态的破坏主要体现在电站周边生物多样性减少，原生态景观破坏，水生态系统污染；但水力发电同时也具有防御和减轻旱涝灾害的功能。我们在开发水电时，要同时关注这两个方面的影响。

关键的“重力势能”

在水力发电的过程中，水的重力势能转化为了电能。这里所说的重力势能，是指由地球的引力而产生的一种能量，它的大小与物体所在高度密切相关。举个简单的例子，一块石头在头顶一般高的位置落下，几乎不会对地面造成影响，而当它从数层楼高的位置落下时，就很可能将地面砸出一个大坑。这是因为在地球引力作用下，举得越高的石头“重力势能”越大。绝大部分水力发电站都是根据这个原理建造的，即通过提高水位来增加水的重力势能，从而获取更多的电能。

来自大海的力量——海洋能

约占地球表面积71%的辽阔海洋，不仅是孕育生命的摇篮，更是一个巨大的天然能源宝库，蕴藏着取之不尽的能源——海洋能。海洋能主要包含潮汐能、波浪能、海流能、海水温差能和海水盐差能等。

因潮汐现象产生的能量，称为潮汐能。潮汐现象是指海水在月球和太阳的引力作用下产生的周期性涨落，其中，月球的作用比太阳大很多，所以，也可

海洋中蕴藏着巨大的能量。

以说，潮汐现象主要是由月球的引力引起的。在涨潮和落潮的过程中，海水会有高度的变化，就能产生一定的能量。此外，在大多数时候，海面上都是波澜起伏的，风和重力共同导致了波浪的产生，这些波浪中蕴藏的能量就是波浪能。

潮汐主要是由月球的引力引起的。

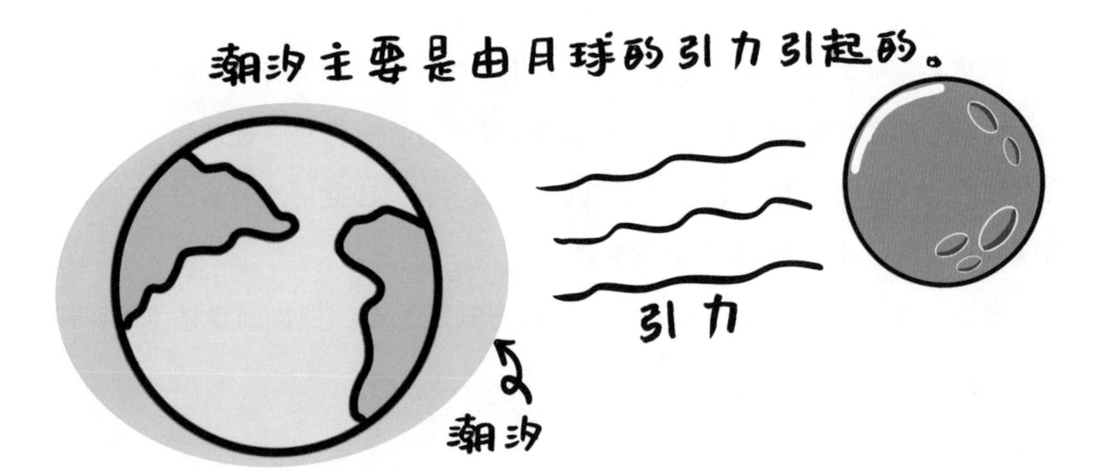

特殊的海洋能

除了潮汐能和波浪能之外，海洋里还蕴藏着特殊的能量——海水温差能和海水盐差能。

海水温差能是指海洋表层海水和深层海水之间由水温差异产生的热能，是海洋能的一种重要形式。海水盐差能主要集中在江河入海口，在那里，淡水和海水相遇，淡水的一侧盐度低，海水的一侧盐度高，由此形成的盐度差也蕴藏着很大的能量，是一种颇具前景的能量形式。

海水温差能和海水盐差能的主要利用方式是发电，但目前受技术水平限制，仍处于探索阶段。

入海口淡水与海水的盐度差
也蕴藏着能量。

海洋能有哪些特点?

海洋能来源于太阳辐射和天体间的万有引力，因此只要太阳、月球等天体持续运转，海水的潮汐、波浪等运动就会周而复始，海水的温度差和盐度差也会持续存在。由此可以看出，海洋能也是一种取之不尽、用之不竭的可再生能源。不仅如此，海洋能也属于清洁能源，其自身并不会造成环境污染。

不过，由于海洋面积十分广阔，尽管全世界海洋能的总储量非常丰富，但单位体积、单位面积蕴藏的能量较小。也就是说，要想得到较大的能量，就得从大量的海水中获取，这无疑为海洋能利用带来较大的挑战。

“性格迥异”的海洋能

不同类型的海洋能有着不同的特点，有些比较稳定，有些则十分不稳定。例如，海洋能中较稳定的是海水温差能和海水盐差能。海水表面受太阳照射，浅层海水温度通常比深部海水温度高，因此，海水温差能是相对稳定的。江河入海口处总会存在盐度差，所以海水盐差能也是比较稳定的能量。

潮汐能就是一种不稳定的海洋能，这是因为，海水每天只有一到两次的涨潮落潮，无法不间断供能。好在潮汐现象具有非常强的规律性，人们根据潮汐变化规律，编制出了各地区每日潮汐情况预报表，可以相对精确地预测未来各个时间段的潮汐大小，潮汐发电站便可根据预报表安排发电。相比之下，波浪能既不稳定又无规律，时而波涛汹涌、时而风平浪静，难以捉摸，因此，波浪能的开发仍处于探索阶段。

会发电的潮汐与波浪

海洋能开发利用的主要方式是发电。其中，潮汐发电和小型波浪发电独占鳌头。它们相较于其他海洋能发电方式，技术更成熟，发展速度也更快。

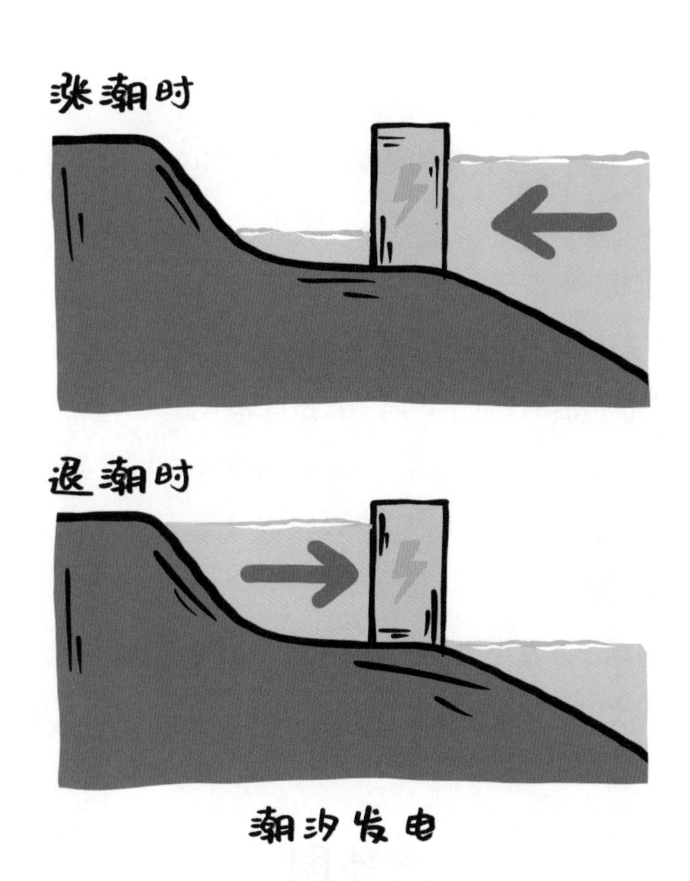

潮汐发电

人类利用潮汐发电已有百余年历史。迄今为止，潮汐发电是海洋能利用形式中技术最成熟、规模最大的一种。潮汐发电的原理与水力发电相似，它是利用潮水涨落产生的水位高低变化所蕴藏的能量来发电的。根据实际经验，潮涨、潮落的平均水位高度差在3米以上就有实际应用价值。具体来说，可在海湾或有潮汐的河口建造一座拦水堤坝，将海湾或河口与海洋隔开构成水库，再在坝内安装水轮机和发电机。涨潮时，海水从大海流入水库，带动水轮机旋转发电；落潮时，海水流向大海，同样推动水轮机旋转发电。

与潮汐能不同，利用波浪能发电通常无法建造固定的电站，而是以投放灵活的小型发电机为主。波浪发电的原理多种多样，有的是利用波浪运动产生的冲击力，有的是利用波浪产生的压力变化，还有的是利用波浪起伏产生的重力势能。基于这些原理开发出的波浪能发电装置也种类繁多。

前景广阔的潮汐发电

20 世纪 60 年代建成投产的法国朗斯潮汐电站，迄今仍是世界上第二大潮汐电站。该电站位于法国圣马洛湾朗斯河口，最大潮差可达 13.4 米。一道 750 米长的大坝横跨朗斯河，坝上是车辆通行的公路桥，坝下设置船闸、泄水闸和发电机房。朗斯潮汐电站总装机容量为 24 万千瓦，年发电量达 5 亿多度。朗斯潮汐电站在投产后的 40 余年内一直是世界上最大的潮汐电站。直到 2011 年，韩国始华湖潮汐电站正式运营，以 25.4 万千瓦的总装机容量超越朗斯潮汐电站，成为世界上规模最大的潮汐电站。排名第三的潮汐电站则是位于加拿大的安纳波利斯潮汐电站。

目前，制约潮汐能发电大规模应用的主要因素是成本问题，高成本导致建成投产的商用潮汐电站数量有限。但是，潮汐发电是一项潜力巨大的产业。经

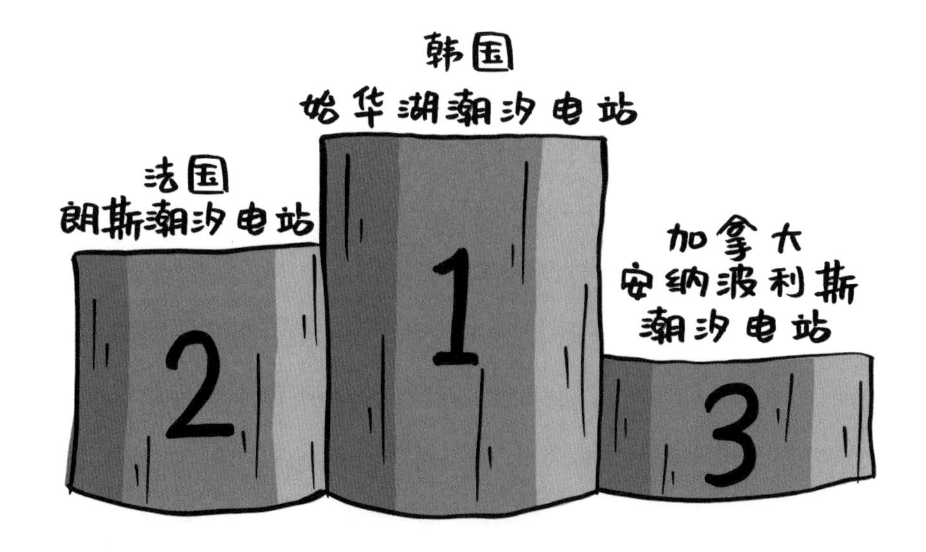

过多年来的实践，潮汐发电在工作原理和总体构造上基本成熟，已具备大规模开发利用的技术条件。随着科技不断进步、环境问题日渐突出、能源资源日趋紧缺，潮汐能发电在不远的将来必会飞速发展。

这一节我们介绍了，潮汐现象是在月球和太阳的引力作用下产生的，其中，月球的作用比太阳大很多。但是，太阳的体积和质量比月球大非常多，为什么太阳对地球潮汐的影响反而比月球小呢？请你查一查相关资料，思考一下为什么会有这样的现象。

生物质能——特殊的“太阳能”

我们知道，地球上所有生物的生长发育都离不开太阳。在太阳的照耀下，生机勃勃的绿色植物伸展着枝条，尽情吸收太阳光的能量，并通过光合作用将太阳能转变为化学能，储存在体内。直接或间接来自植物的能量就是可再生能源——生物质能。

储存在植物中的“太阳能”

生物质能是一种可再生能源，可以转化成常规的固态、液态和气态燃料。我们熟悉的煤炭、石油和天然气等化石能源本质上就是数百万年前的生物质能。生物质能一直是人类赖以生存的重要能源之一，在整个能源系统中占据着重要地位。而究其根源，生物质能其实就是储存在植物体内的太阳能。

生物质能来源极为丰富，主要包括森林能源、农业废弃物等。森林能源是指树木生长和林业生产中产生的能源，包括薪柴、树皮、落叶、木屑等。其中，

薪柴作为一种燃料，在我国农村能源利用中占据重要地位。农业废弃物是农业生产的副产品，如秸秆、果壳、玉米芯、甘蔗渣等。其中，农作物秸秆除了可以作为饲料、工业原料，还可作为农户炊事和取暖的燃料。

生物质能“大变身”

我国古代人民很早就积累了利用不同生物质能的丰富经验，包括利用草本植物、木本植物、木炭、竹炭、生物油脂等。但是，大部分生物质能的利用形式都是通过直接燃烧来获取光或热，用于炊事、取暖、照明、手工业生产、军事活动等。直接燃烧的利用方式不仅烟尘大，而且转化效率低，会造成能源浪费。

现代生物质能利用主要是通过物理、化学、生物转换技术等，将植物原料

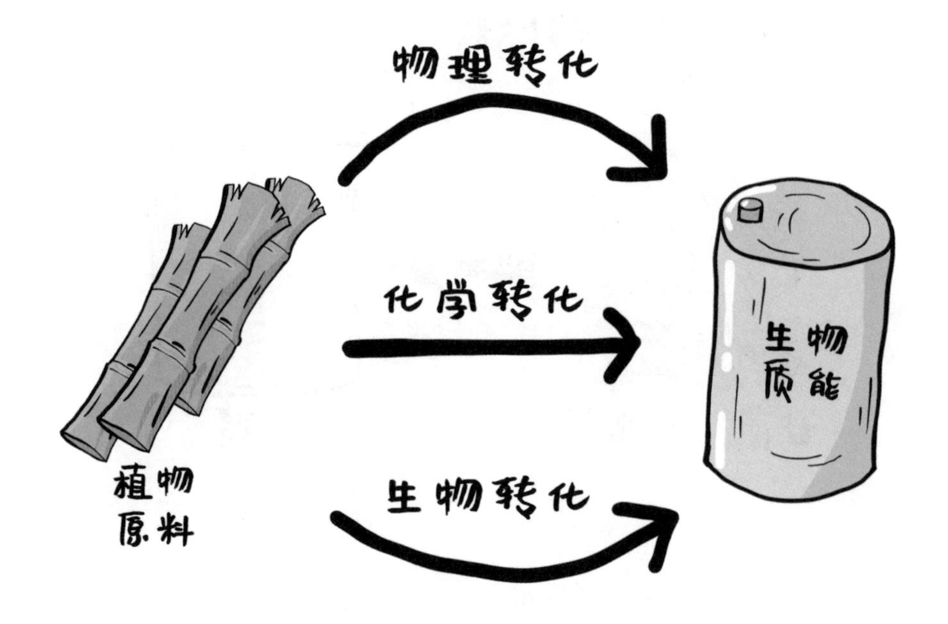

转化为更加便于利用的能源。物理转化技术是将植物原料粉碎后，在一定的温度和压力下，压制成密度较大的固体燃料，这可以解决原料堆积松散、不便运输的问题。化学转化技术是利用热解、气化、液化等方法将植物原料转化为液态或者气态燃料，如乙醇、生物柴油等。生物转化技术主要是利用微生物的发酵作用，生成沼气、乙醇等能源产品。其中，沼气生产技术是生物质能转化中历史最悠久、发展最成熟、最实用的技术之一。

生物变燃料

飞机、汽车、轮船等交通运输工具在我们的生活中发挥着重要作用。不过，它们大都使用以石油为主的化石燃料，这不仅会产生对环境有害的气体，还消耗了不可再生资源。而利用生物有机质来制造“生物燃料”是一个很好的解决办法，这种燃料不仅可以大量生产，还能减少有害物质的排放。

第一代生物燃料主要将甘蔗、甜菜、油菜籽、玉米等作物作为原料。其

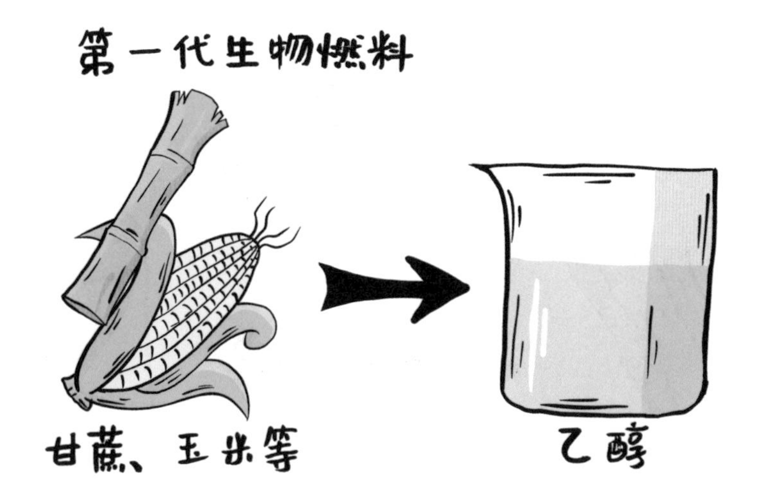

中，甘蔗、玉米等原料经发酵蒸馏可制成燃料乙醇，用于汽油发动机；菜籽油等植物油可以产出生物柴油，用于柴油发动机。

随着技术的进步，第二代生物燃料出现了。它们不直接使用农作物原料，而是对农作物秸秆、甘蔗渣、林业残枝等农林废弃物进行加工，生产出非粮作物乙醇、纤维素乙醇和生物柴油等，这不仅可以节约耕地，还可以解决随意焚烧植物垃圾带来的大气污染问题。

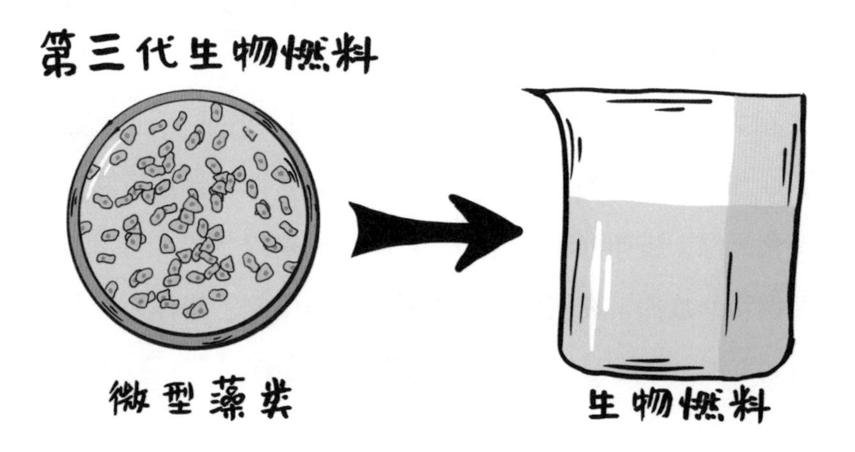

近年来，第三代生物燃料也已经开发出来。这些生物燃料的原材料来自某些微型藻类，它们体形极小，需要借助显微镜才能看清。更准确地说，第三代生物燃料来自微型藻类中所含的油。这些微型藻类是在水中生长的，一大优点就是不占用耕地。

汽车节能“妙招”

截至 2020 年年底，我国共拥有大约 2.8 亿辆汽车。汽车消耗的燃料油大

约占全部石油消耗量的三分之一。而有了生物燃料之后，我们就可以有效地节约汽车所消耗的石油。

燃料乙醇是一种“生物燃料”，以它为附加成分或汽油添加剂可以制成“乙醇汽油”，作为汽车燃料。乙醇汽油是由燃料乙醇和普通汽油按一定比例混配形成的替代能源。按照我国的标准，乙醇汽油是用 90% 的普通汽油与 10% 的燃料乙醇调和而成的。在汽油中加入适量可再生的乙醇作为汽车燃料，不仅可以节约石油资源，还能减少汽车尾气对空气的污染。

航空燃料“新成员”

生物燃料的另一个重要类型是生物柴油。2015 年 3 月，我国自主研发生产的“1 号生物航油”首次商业载客飞行取得圆满成功。继美国、法国、芬兰之后，中国成为第四个能自主生产生物航油的国家。生物航油正是一种生物柴油。

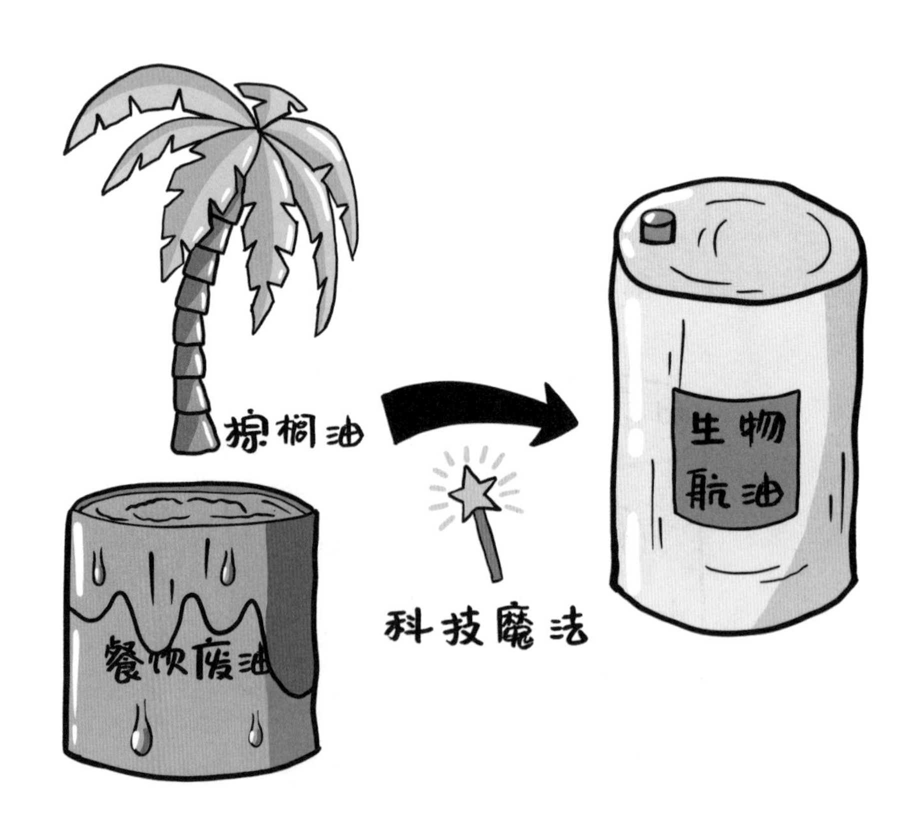

具体来说，生物航油是指用动植物油脂生产的航空用油，具有可再生的巨大优势。这次飞行中使用的生物航油是利用棕榈（lǘ）油和餐饮废油制成的。而且，使用生物航油不需要对飞机及其发动机进行改装，它可以直接代替原来使用的从石油当中提炼出来的航空煤油。未来如果能在规模上实现商业化，生物航油就能有效解决民用航空业面临的环境和能源问题。

虽然生物航油已经拿到了商业化应用的“门票”，但是距离大规模应用仍有很长的一段路要走，主要问题是生产成本过高。但绿色发展已成为全球共识，节能减排也是航空事业追求的一大目标。我们相信，随着科技的发展，生物航油终将在未来大放光彩。

会发电的生物质能

除了用来生产生物燃料，生物质能的另一种利用方式是转化为电能。将废弃的农业垃圾等收集起来用于发电，对缓解我国能源供应紧张问题和环境保护意义重大。最成熟的生物质能发电技术是沼气发电。

沼气的成分非常复杂，一般由不同比例的甲烷、二氧化碳，以及少量氮气、氢气、氧气、硫化氢等气体组成，可用作生活燃气或工业用气，还可用于发电。沼气发电主要是将工业、农业或城镇生活中的大量有机废弃物进行发酵以产生沼气，随后通过沼气的燃烧将水加热，产生蒸汽，驱动发电机组发电。

除了通过发酵产生沼气，还可以利用一些技术手段直接将有机物转化为生物燃气，生物燃气燃烧后将水加热产生蒸汽，从而带动发电设备发电。这种方法可以解决一般有机物直接燃烧温度较低的问题。

优缺点鲜明的生物质能

根据前面的介绍，我们可以看出生物质能是一种丰富的可再生能源。生物有机质由碳、氢、氧、氮、硫等元素组成，其中硫元素和氮元素的含量比传统化石燃料低得多，燃烧时几乎不产生含硫或氮的有害气体，是一种污染程度低的燃料。此外，尽管生物有机质在燃烧时会释放出较多的二氧化碳，但考虑到植物在生长时会大量吸收空气中的二氧化碳，因此一般认为，生物有机质在燃烧时释放的二氧化碳和在生长时吸收的二氧化碳是一样多的。也就是说，生物质能实现了二氧化碳的零排放，可有效减轻大气温室效应。

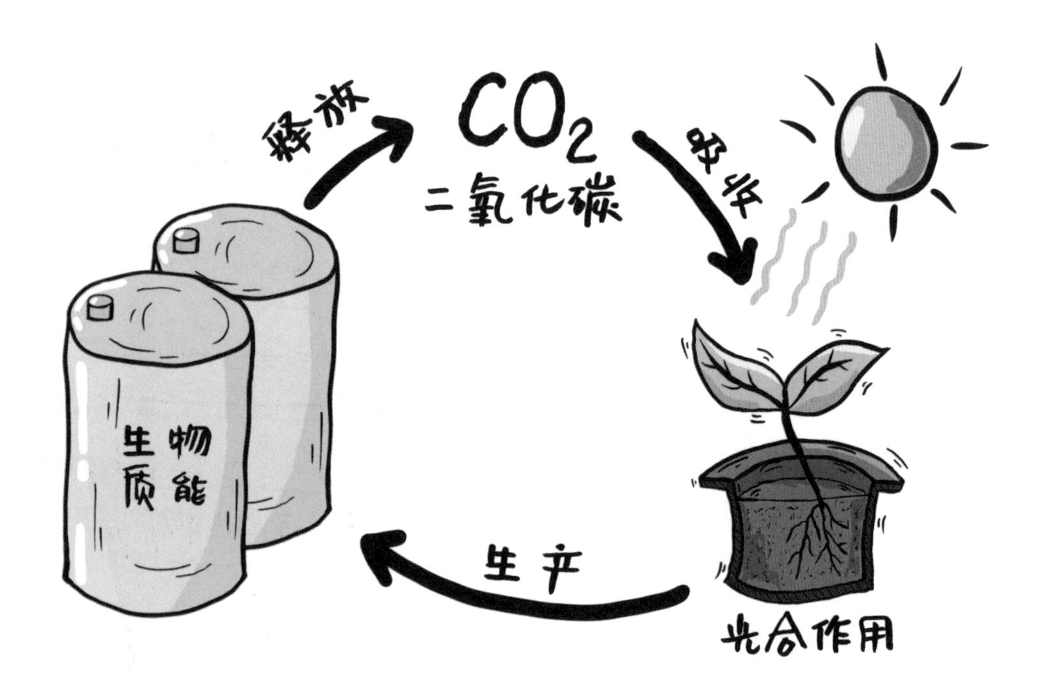

生物质能原料可以转化成丰富多样的产品，包括生物燃料、沼气，以及生物化工产品等。更重要的是，生物质能的利用与其他新能源相比，技术上的难题较少，更有利于大规模发展。

虽然生物质能有低污染、便于利用等诸多优点，但它也存在一定的劣势。自然界中，植物仅能将极少量的太阳能转化成有机物，因此单位土地面积上产生的生物质能较少。如果要大规模生产生物质能原料，就要考虑耕地占用等问题。

我国生物质能的发展

生物质能的研究与开发已成为世界热门课题之一，受到各国政府与科学家的关注。生物质能研究主要集中在生物质能发电、燃料乙醇和生物柴油等方面，其中生物质能发电是目前生物质能应用中最普遍、最有效的方式之一，在一些国家已成为重要的发电方式。

近年来，我国生物质能发电建设规模持续增加，这对于我们构建清洁低碳、安全高效的能源体系，加快处理农林废弃物等有积极的推动作用。截至 2020 年年底，我国生物质能发电并网装机容量达 2952 万千瓦，年发电量 1326 亿千瓦时，位居世界第一。

我国燃料乙醇产业的发展始于 21 世纪初期，当时主要是为了处理储存多年、无法食用的“陈化粮”。经过 20 多年的发展，我国在燃料乙醇生产、储运等方面拥有了较成熟的技术，现已成为全世界第三大燃料乙醇生产国和消费国。截至 2019 年，我国燃料乙醇累计产量超过了 2841 万吨，为国民经济和社会可持续发展做出了很大的贡献。

我国生物柴油起步略晚于燃料乙醇，经过 10 余年的发展，目前已具备一定的产业规模。我国的生物柴油生产主要以棕榈油和废弃油脂为原料。由于这种原料不适用国外已广泛使用的生物柴油生产工艺，因此我国研发人员自主开发了多种新型生物柴油产业化生产工艺，走在了世界前列。

使用生物质能最大的好处是能实现二氧化碳的零排放。但是，如果你了解煤炭、石油、天然气等化石燃料的形成过程，你就会发现，它们也属于数百万年前的生物质能。那么，同样是生物质能，为什么使用化石燃料会释放大量二氧化碳、加剧温室效应呢？

“能源新星”氢能

氢，不仅是宇宙中最古老、最常见的元素之一，还是未来清洁能源——氢能的重要载体。氢能，是指氢气所含有的化学能，是一种绿色环保的能源。氢能在世界能源舞台上占据着举足轻重的地位，被视为“后石油时代”最有前景的能源之一。

“小精灵”——氢元素

氢元素排在元素周期表的第一位，是结构最简单的元素，但也是宇宙中分布最广、含量最多的元素。几乎每一个天体都含有氢元素，尤其是会发光的恒星。它们的能量来源正是以氢原子为基础的核聚变反应。

由氢元素组成的氢气是世界上最轻的气体。我们在游乐场里经常能看到一些飘浮在空中的气球，它们需要用绳子拴住才不会飘走。这是什么原因呢？人们向气球中充入氢气制成氢气球，氢气的密度只有空气的 1/14 左右，也就是说，相同体积的空气重量约为氢气的 14 倍，因此比氢气重的空气能把气球“托”起来。不过，如今的“氢气球”充进去的往往是同样很轻但更安全的氦气。

什么是氢能?

氢的来源十分广泛，自然界的水、土壤、生物、矿物等物质中，都存在氢元素。其中，含氢最丰富的物质就是水，一个水分子当中含有两个氢原子和一个氧原子。通过特殊的方法，我们可以将水分子里面的氢分离出来变成氢气。因此，地球庞大的水体堪称氢气的“仓库”。煤炭、石油、天然气等化石燃料，以及各种动植物中也含氢元素。因此，要想开发利用这种理想的清洁能源，必须先研发出各种方法，将氢从这些物质中提取出来。

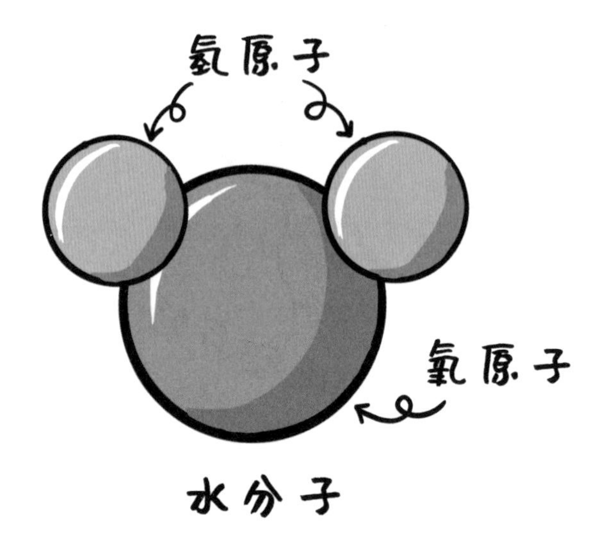

氢气制备的方法多种多样，其中最主要的有三种。第一种是化石燃料制氢，即在加工石油、煤炭、天然气等化石燃料时产生氢气。第二种是冶炼焦炭、钢铁或烧碱等化工产品时产生副产品氢气。这两种方法规模大、成本低、技术相对成熟，但会排放较多二氧化碳，资源利用效率也有待提高。第三种方法是基于新型清洁能源的电解水制氢，电解水可以产生氢气和氧气，这种制氢方法可以有效利用风电、光伏发电、水电等可再生能源产生的电力。无论采用何种

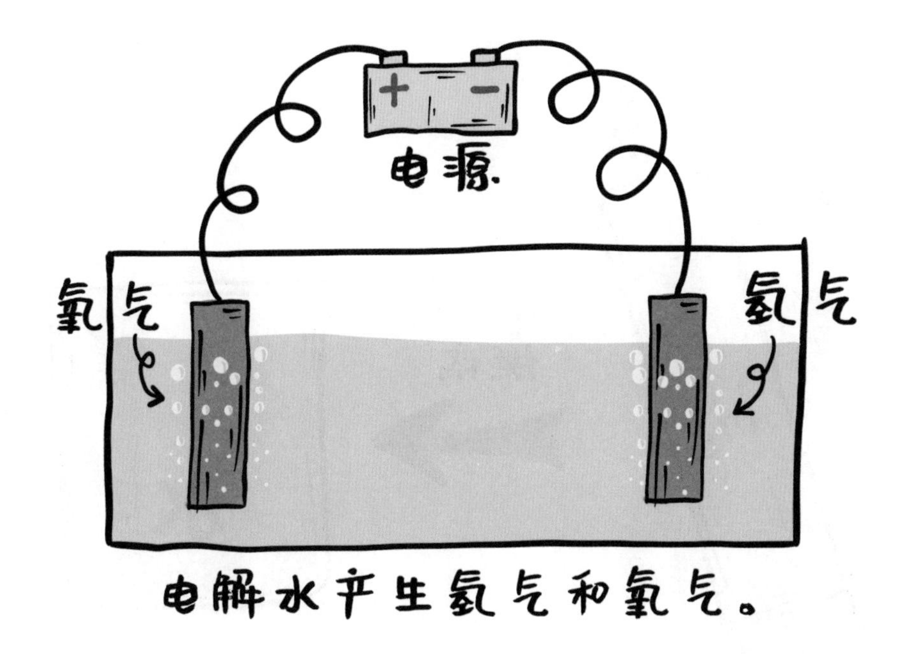

原料制备氢气，都只能得到含氢的混合气体。因此，还需要进一步提纯和精制得到高纯氢，才能投入实际应用。

氢能为何备受青睐?

那么，氢能为什么会被视为人类社会未来最重要的能源之一呢？

首先，氢能资源丰富，来源多种多样。地球上丰富的水资源，为我们提供了一个潜在的巨大的“氢库”，为未来氢能利用提供了良好的条件。其次，氢气有极其优越的燃烧性能。氢气燃烧速度快、温度高，并且相同质量的氢气燃烧释放的热量高于所有常规化石燃料和生物燃料，仅次于核燃料。也就是说，与常规燃料相比，用更少的氢就能获得更大的能量，这一点在航空航天领域尤其重要。最后，氢气本身无色无味无毒，并且燃烧时只生成水，不会产生一氧化碳、二氧化碳、粉尘颗粒物等对环境有害的污染物质，不会危害人体和环境。

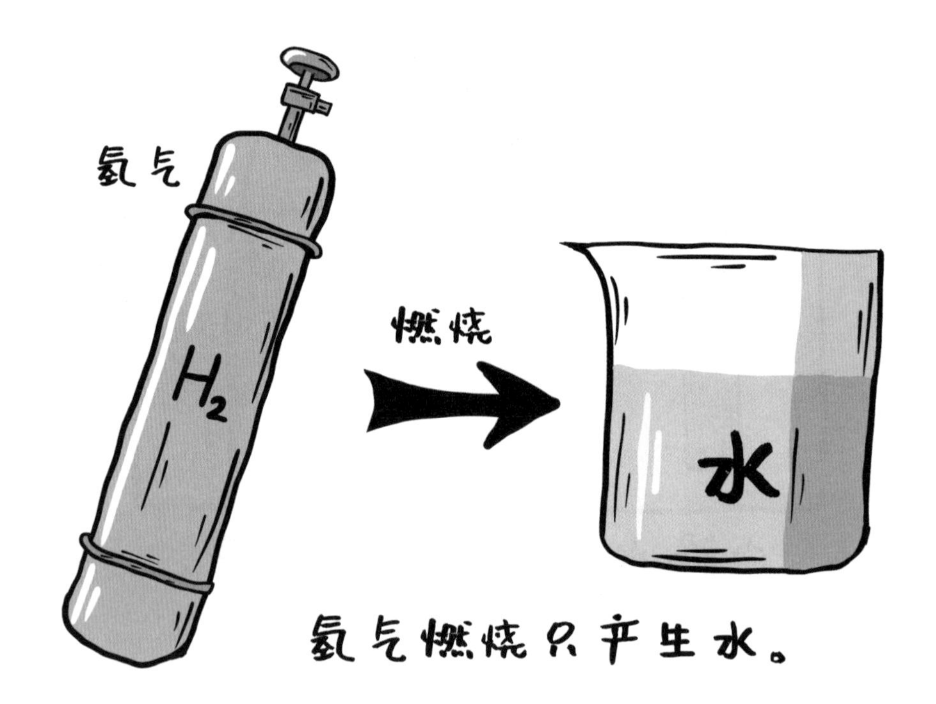

多个领域，大显身手

正是由于拥有这么多优点，氢在许多领域都能发挥作用。它能直接作为燃料提供动力，也能通过燃料电池转化为电能；它还是核聚变反应的基础物质。除此之外，氢在各类工业生产中也发挥着极为重要的作用。

氢气作为直接供能燃料，目前主要应用于航天领域。“航天发展，动力先行”，航天领域的蓬勃发展与新型火箭发动机技术的完善密切相关，其中氢氧发动机技术是世界火箭发动机技术发展的趋势之一，掌握这项技术是一个国家成为航天强国的重要标志。氢氧发动机是指采用液氢（液态氢气）和液氧（液态氧气）作为燃料的发动机，液氢、液氧经过特殊的喷嘴进行雾化、混合、燃烧，产生高温高压的水蒸气，喷出的高速气体为火箭飞行提供了强大的动力。航天飞机发射时就是使用液氧液氢火箭发动机作为助推器，航天飞机上橙红色

的大罐子里就装着液氧和液氢。

除了航天领域，氢在工业领域也有不少应用。在电子工业集成电路、电子管、显像管等产品的制造过程中，通常需要用氢气作为保护气。在炼油工业中，也需要用氢气对燃料油、粗柴油、重油等进行额外加工，这样可以提高产品的质量，除去有害物质。在冶金工业中，氢气可以作为还原剂来冶炼金属。甚至在食品工业中，食用色拉油就是对植物油进行加氢处理的产物。除了这些，氢气还可以作为填充气，用在气象观测所使用的氢气球中。

氢能还有一种非常重要、很有前景的用途，那就是通过燃料电池转化为电能，燃料电池被认为是未来人类社会最主要的发电与动力设备之一。

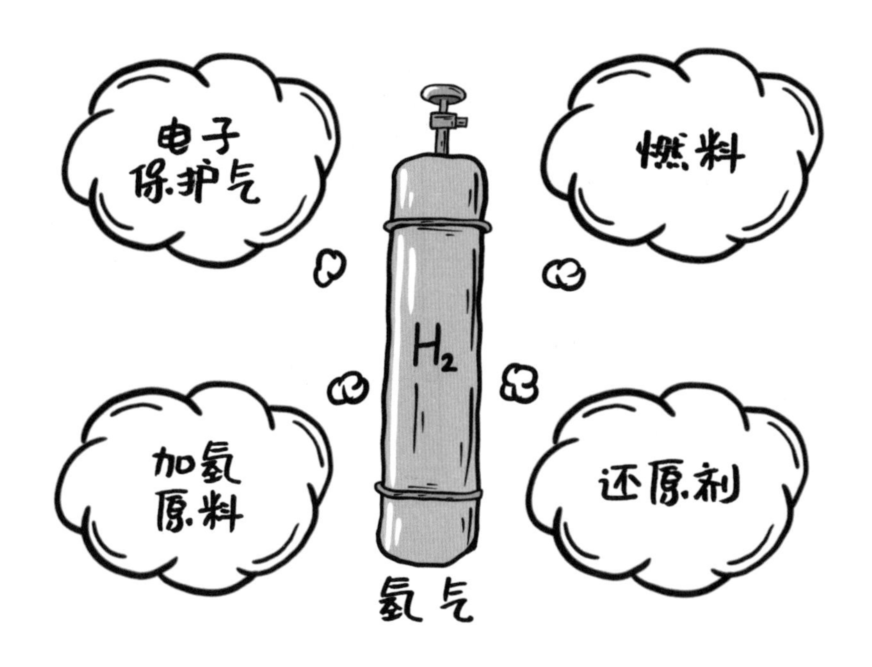

神奇的氢燃料电池

前面我们介绍了，利用电能可以将水分解，生成氢气和氧气。其实这个过程是可逆的。也就是说，氢气与氧气也可以反过来生成水并产生能量，它们可以通过燃烧生成水并释放热量，还可以通过特殊的化学反应生成水并释放出电能。后者具体来说，就是将氢气和氧气分别通入一个特殊电池的正极和负极，电池就能够实现特殊的化学反应从而产生电流，这种电池就是氢燃料电池。

不同于生活中常见的干电池或蓄电池，只要不间断地向氢燃料电池内输入氢气和氧气，它就可以持续提供电力，很适合长时间连续工作的环境。它还有很多其他的优点，比如：体积小、重量轻，适用于航空航天领域；噪声小，特别适用于潜艇等；反应过程不涉及燃烧，能量转换效率高，无污染等。因此，氢燃料电池被认为是 21 世纪高效、节能、环保的发电方式之一。

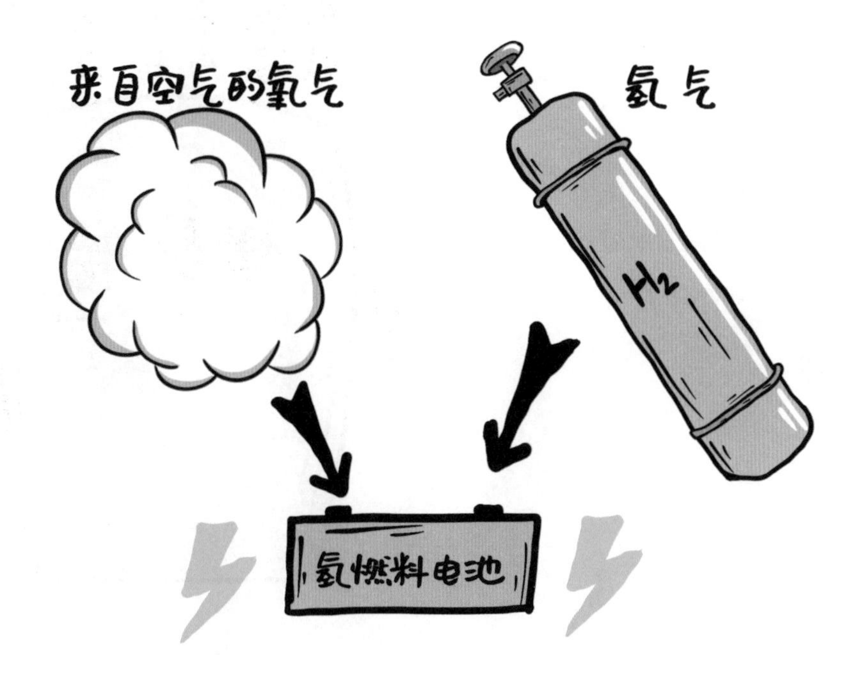

近年来，由于全球性能源紧缺问题日趋突出，氢燃料电池因其突出的优越性得到了蓬勃发展。随着技术的成熟，燃料电池造价已大幅度降低，氢燃料电池汽车也诞生了。

氢能利用遇挑战

不过，氢能的应用也面临着不小的挑战。一方面，氢气从生产、储存、运输到利用的整个过程还存在着不少需要解决的技术难题；另一方面，受氢气本身的性质制约，氢能目前还难以进行大规模推广和利用。

氢能的大规模利用离不开大量廉价氢气的获取和安全、高效的氢气储存输送技术，而以现阶段的科技水平要达到这些条件尚有一些差距。由于氢气很难液化，储存液态氢气需要很高的压力，而高压存储很不安全，因而储氢一直是氢能利用环节中的难题。如何更高效、更安全地储存氢气，是科学家仍在努力解决的难题。

一种新的能源要推广和应用，其安全性是首先需要关心的问题。氢气良好的燃烧性使它成为一种优秀的燃料，但同时也使它有着不同于常规能源的危险性。同时，氢气的分子非常小，这也就导致了氢气比液体燃料和其他气体燃料更容易泄漏。一旦发生泄漏，容易引发爆炸，产生非常大的危害。

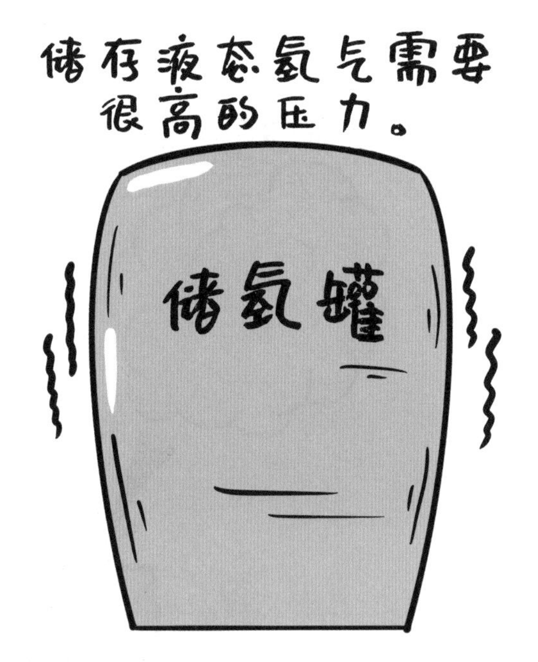

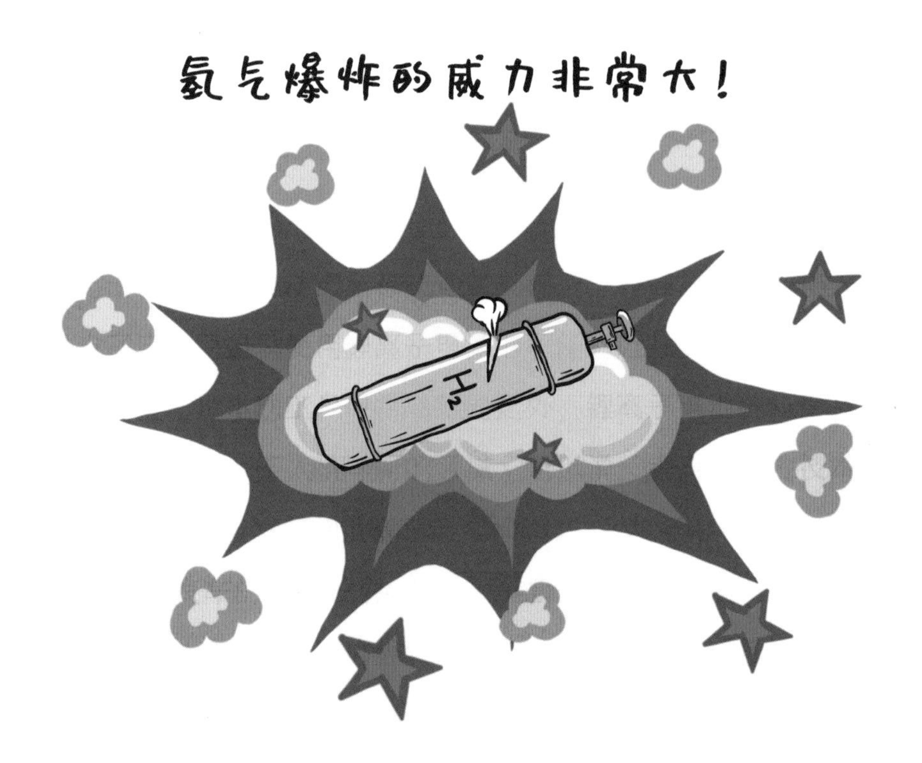

我国蓬勃发展的氢能产业

21 世纪以来，我国氢能产业逐渐加快发展步伐，目前在工业制氢、燃料电池、氢能汽车、加氢站等方面取得了不少研究成果，在部分领域还形成了一定的产业规模。

目前我国氢气年产量约为 3300 万吨，其中，煤炭、石油等化石燃料制氢占比近 80%，工业副产品氢气占比约为 20%，可再生能源制氢的规模还很小。正如前面介绍的，虽然化石燃料制氢和工业副产品氢气的成本低、技术成熟，但在生产过程中会排放大量二氧化碳。因此，为推广“绿色氢气”，探索可再

生能源高效制氢技术，我国近年来推进了一大批新能源制氢研究项目和示范工程，重点包括光伏制氢和风能制氢。

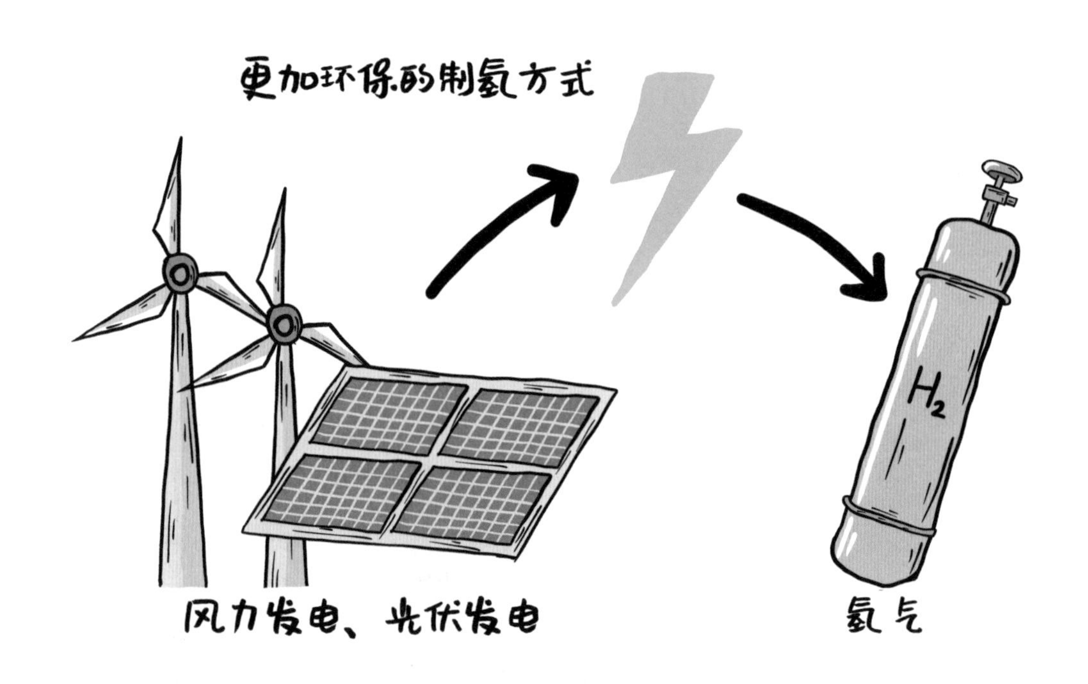

我国氢燃料电池研究起步较晚，早期主要应用于航天领域，直到20世纪90年代末期才开始较大规模的燃料电池研制工作。现阶段，我国在提高燃料电池额定功率、功率密度、使用寿命等多个领域取得了技术突破。同时，我国氢能汽车也有较大发展。2022年北京冬奥会期间，将近1000辆氢能汽车克服低温环境，圆满完成了运输任务。这是我国首次大规模使用氢能汽车。以“绿色冬奥”为契机，我国氢能汽车正逐步迈入发展新阶段。

氢能的推广使用离不开加氢站。加氢站是将氢气压缩并储存在高压罐中，通过加氢机完成氢燃料加注，类似于现在常见的加油站。目前我国已建成的大部分加氢站尚未投入商业化运营，一方面是因为氢气的生产及储运成本较高，

阻碍了氢能产业的大规模发展，另一方面是因为现在的氢能汽车数量较少，加氢站几乎处于亏损状态。

到这里，我们已经介绍了各种各样的新能源。你肯定已经发现了，我们地球上的能量，无论是以化石燃料、风力、水力形式存在的能源，还是以生物形式储存起来的生物质能，归根结底都与太阳有非常密切的联系。那么，你能讲出这些能源与太阳的关系吗？有没有哪些能源与太阳无关呢？

第四讲

新能源的“好伙伴”

特高压输电线路——电力的“高速公路”

前面我们介绍的各种能源，往往最后会转化成电能供我们使用。在现代生活中，无论是家庭、学校，还是工厂，到处都需要用电。我们使用的电力都是从发电厂经过千里迢迢的“长途跋涉”，才到达我们身边的。从发电厂通往千家万户的“道路”被称作电网。其中，基于特高压输电技术的特高压输电线路相当于标准最高的“高速公路”。它究竟有哪些神奇之处呢？

电力的“旅行”

电力的“旅行”并不像我们想象的那么简单。任何导线都有“电阻”，电力在导线上传输时会因为电阻而发生损耗。在距离很长的情况下，如果直接输电，会造成巨大的电能损耗。要想将发电厂的电能尽可能多地输送到用户那里，就需要电网的“特殊帮助”。

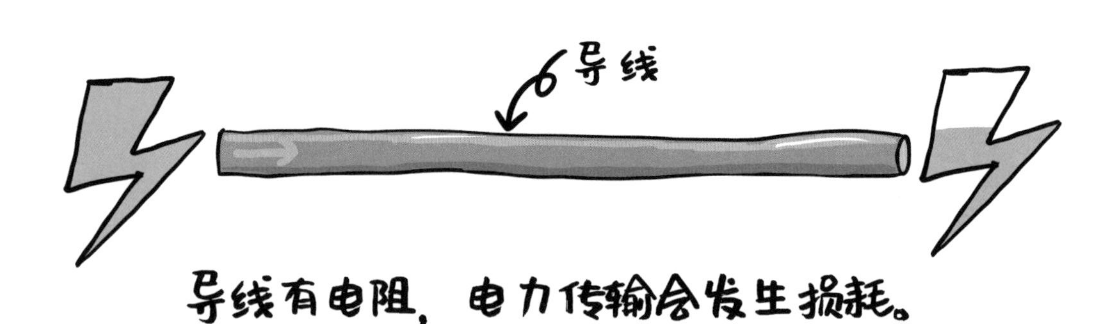

科学家们发现，在传输电力的时候，电压越高，导线电阻引起的电能损耗就越小。因此，电力的远距离传输常常需要通过“高压输电线”。电网包含变电、输电和配电三个环节，其中的“变电”指的就是改变输电电压。当发电厂产生电能后，首先经过升压，将电压提高到上万伏，然后再通过高压输电线传送到用电的地方。随后，再通过降压，将电压降到我们日常使用的 220 伏左右，并分配给各个用户，如此便能降低电力在输电线路上的损耗。大家可能在一些输电铁塔下面看到过写着“高压危险，请勿靠近”的警示牌，表明这个铁塔属于高压输电系统的一部分。

电力“高速公路”

电压越高损耗越小，提高输电电压不仅是实现大容量、远距离输电的主要技术手段，也是输电技术发展水平的重要标志。

特高压输电指的是使用 1000 千伏及以上的电压输送电能的技术。一般的高压输电线路的电压大约为 110 千伏到 220 千伏，电压更高的超高压输电线路可以达到 500 千伏。我们可以把电压类比为公路上汽车的速度，特高压输电技术使用的电压是最高的一档，因此，特高压输电线路不愧是电力的“高速公路”!

据科学家研究，1000千伏的特高压输电线路的输电功率超过500千伏输电线路的3倍，而它输电时的损耗却不到500千伏输电线路的一半，输电材料的用量也节省了将近40%。可见，特高压输电不仅是大容量输电的“好手”，还有助于节约电力资源。

中国领跑世界

我国虽然地大物博，但是资源分布并不均衡，西部能源丰富，东部相对匮乏。然而，我国人口却主要分布在东部地区，使得这里成为电力需求最集中的区域。因此，由于资源分布不均衡、人口分布不均衡等原因，我国长期以来都面临着西部能源过剩、东部能源匮乏的问题。特高压输电技术能大大提高能源的利用效率和电力的传输效率，无疑是解决这个问题的有效途径之一。通过“西电东送”工程，我们能够将西部的富余电力输送到东部，有效缓解东部人口密集地区的供电压力。

我国的特高压输电技术在世界上处于领先水平。早在数十年前，我国就成功设计了世界上电压等级最高的交流电输变电工程，在技术稳定性方面取得了巨大突破。此后，我们的特高压输电技术一直持续不断地刷新世界纪录。

助力新能源发展

构建以新能源为主体的新型电力系统，是我国不断为之努力的目标，也是实现“碳中和”的有效途径之一。我国西部地区还有丰富的水力资源、风力资源以及太阳能资源，目前已被列为风力发电和光伏发电开发建设的重点区域。

根据我国“西部丰富、东部匮乏”的资源分布特征以及经济发展情况，可以预见在未来新型电力系统下，西部地区仍将作为主要的清洁电力生产基地，“西电东送”也必将成为我国电网格局的长期特征。因此，让西部的风力发电和

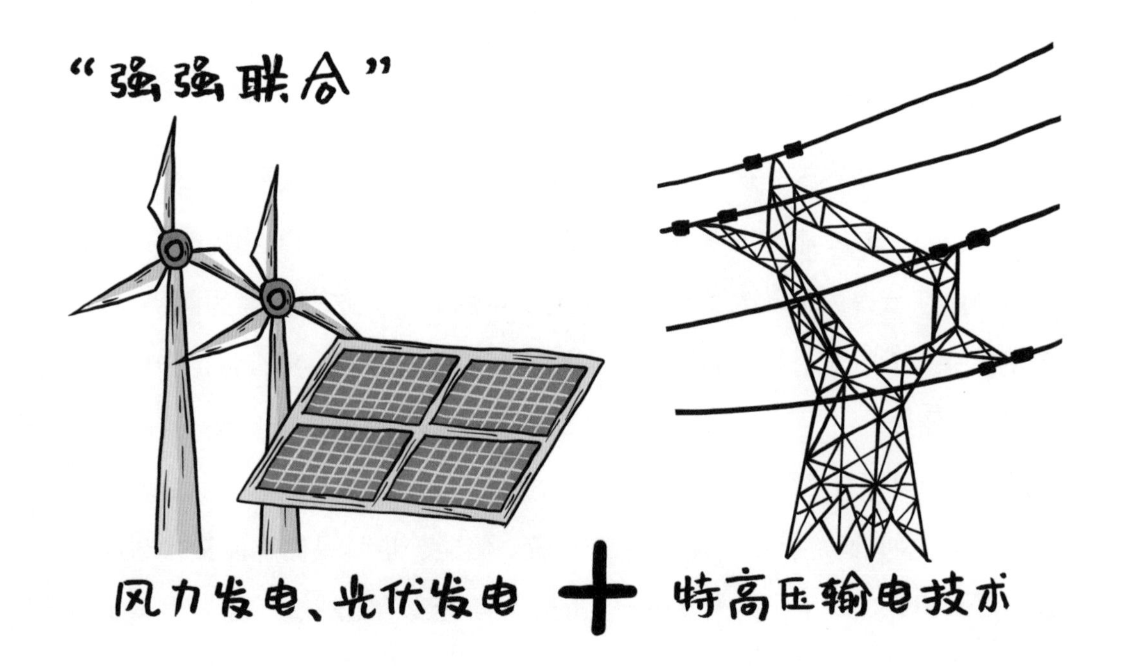

光伏发电与先进的特高压输电技术实现“强强联合”，有十分重要的意义。在这样的背景下，发展和建设特高压输电线路就显得格外重要！

特高压输电技术具有非常多的优势，然而，并不是所有的输电线路都采用了特高压输电技术，其中有相当一部分使用的是电压稍低的500千伏超高压输电线路，甚至有些还在用常规的220千伏、110千伏高压输电线路。你知道这样设计的原因吗？

储能的重要性

新能源是建设“绿色新世界”最关键的一环。在目前已开发的新能源中，太阳能、风能发展迅速，技术相对成熟，相关产业急剧增长；海洋能、生物质能、氢能等方兴未艾，正朝着大规模开发利用的方向不断迈进。不过，这些能源多多少少都会有不稳定的缺点，这时，“储能技术”就显得格外重要。

不可或缺的环节——储能

以发展相对成熟的光伏发电和风力发电为例，它们有很大的波动性，只在阳光普照和有风时才能产生电力，无法像传统化石能源那样稳定输出能量。如果将电网比作一条大河，光伏发电和风力发电就是汇入这条大河的两条支流。如果这两条支流时有时无，有时几近干涸，有时波涛汹涌，那么肯定会导致大河水位频繁变化，对“下游”的用户造成不好的影响。电网最重要的一点就是安全稳定，如果直接将这种不稳定的电能输入电网，就会对电网造成很大的冲击。

面对这个问题，“储能技术”隆重登场。储能，也就是储存能量，利用这种技术可以将光伏发电和风力发电产生的多余电能保存起来，等到发电不足时再放出，达到平稳发电、安全输入电网的目的。储能的原理类似水坝蓄水，即

使上游的河流水量有较大波动，水坝也能调节上下游的水量，平稳地向下游供水。

理想的储能技术具有储存容量大、效率高、时间长、寿命长、成本低等特点，其中储存效率尤其重要。储存效率是指最后释放出来的能量和一开始输入进来储存的能量的比值，效率越高，损失的能量也就越少。

储能方法大比拼

储能技术种类繁多，各具特色。目前应用较多的储能技术一般可以大致分为物理储能和电化学储能两大类。物理储能如抽水蓄能、压缩空气储能、超级电容器等，电化学储能如常规电池、液流电池等。

物理储能中的抽水蓄能技术成熟、成本较低，是已经大规模应用的储能技术。压缩空气储能是利用富余的电力驱动空气压缩机，将空气压缩并存储起来，需要电力时再释放高压空气驱动发电机发电。这种方式就像是吹气球，有富余的电力时把气球吹大，电力紧缺时再从气球放气来发电。

电化学储能技术有多种，主要原理是将电能转化成化学能储存起来。锂离子电池、铅酸电池、铅蓄电池等都应用了电化学储能技术。不同的储能技术有其

各自的特点，其中，便于设计、安装灵活、建设周期相对较短是大多数电化学储能技术的优势。

目前，尚没有一种十全十美的储能技术，能够满足新能源储存的所有需求。而选择合适的储能技术，需要针对特定的应用场景和需求，综合考虑储能容量、效率、时间，以及寿命、成本等因素。

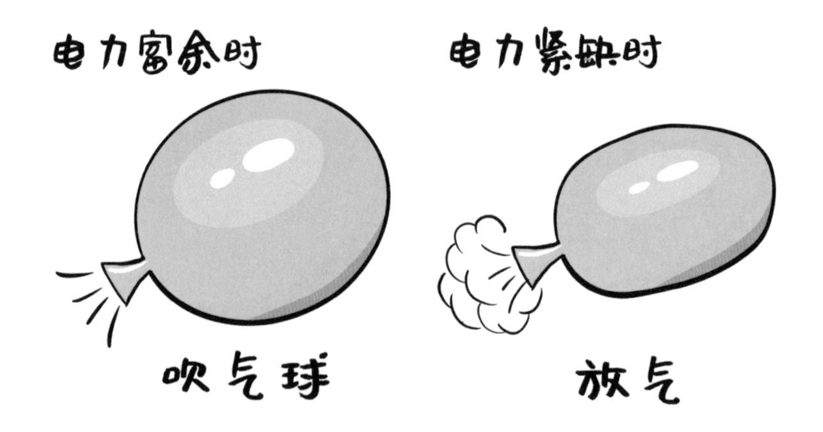

把能量储存在水中

抽水蓄能具有储能容量大、效率高、成本低等优点，是目前应用最广泛、技术最成熟的大规模储能技术。抽水蓄能装置的基本组成主要包括两处位于不同高度的水库和特殊的水轮机等。当电力需求低时，利用电能将位置较低的下水库的水抽至位置较高的上水库，将电能转化成水的重力势能存储；当电力需求高时，可释放上水库的水，使之返回下水库，从而推动水轮机发电。

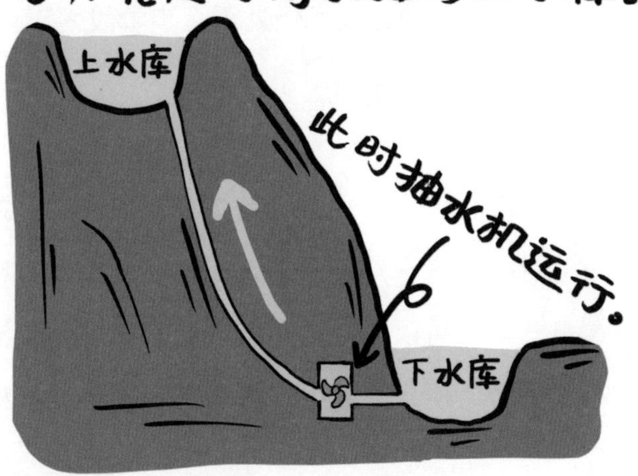

抽水蓄能原理

由这个原理可知，抽水蓄能的储能容量主要取决于水库的大小和两个水库之间的高度差：水库规模越大，两水库高度差越大，能储存的电能就越多。但是，抽水蓄能需要利用庞大的场地修建水库，对地理条件有较高的要求，因而建设成本高、时间长，且易对周围环境造成破坏，这是抽水蓄能技术最主要的缺点。

为解决这些问题，有的抽水蓄能系统会直接以海洋或大型湖泊作为下水库。此外，还衍生出了地下抽水蓄能技术，可将废弃的矿井或采石场等洞穴修建为地下水库。地下抽水蓄能对地形的依赖程度较低，可减少环境问题，但前期的地质勘探较为复杂，因而目前此技术仍处于起步阶段。

势头正猛的电池储能

与广泛应用的抽水蓄能相比，电化学储能更具发展潜力，尤其是如今势头正猛的电池储能。电池对我们来说并不陌生，无论是遥控器、电子表中的一次性电池，还是手机、电动车上可以充电的蓄电池，都在现代生活中发挥着不可或缺的作用。电池不仅携带方便、充放电操作简单，而且性能稳定可靠，几乎不受外界气候的影响，是一种性能十分优异的储能手段。

我们常用的充电宝就使用了电池储能技术。电池储能的原理是：当电力充足时，将电能转化为化学能储存起来；需要用电时，再将化学能转化为电能输出。利用该原理开发出的储能电池，如锂离子电池、铅酸电池和新兴的液流电池等，它们的名称主要与其内部的活性物质类型有关。

锂离子电池与铅酸电池

目前，锂离子电池的市场占比在全球各类储能电池中居于首位。我们日常使用的手机、笔记本电脑等电子产品的电池，还有电动自行车、电动汽车等使用的大型电池，都属于锂离子电池。锂离子电池具有良好的安全性能以及较长的寿命，但成本相对较高。

铅酸电池的发展历史非常悠久。发展至今，铅酸电池的制造工艺较为成熟、成本较低，在很多领域都在使用。不过，铅酸电池需要硫酸和铅，因此制造和使用过程并不环保，且寿命比较短。

神奇的超级电容器

电容器，顾名思义，是一种“装电的容器”，可以用于存储电能，是电力领域中不可缺少的电子元件。超级电容器作为传统电容器的升级版，不仅能储存更多电能，还具有无污染、寿命长、工作温度范围宽等优势。

电容器是一种“装电”
的特殊“容器”。

超级电容器能够快速、平稳地输出电能，因此非常适合做电力系统的储能装置。将超级电容器与供电网络并联连接，可以改善电力系统提供的电能质量，提高稳定性和可靠性。超级电容器还能在风力发电和光伏发电中发挥巨大作用，事实上，已有多家风电企业采用超级电容器储能技术来保障风电系统的正常、平稳运行。

但是，超级电容器也有一定的缺点，如能量密度低、成本高。能量密度是指单位质量或体积内所能存储的电量。超级电容器的能量密度相较于蓄电池还存在着很大的差距，意味着要储存相同的电量就需要更大的体积，这在一定程度上限制了超级电容器在储能领域的大规模应用。尽管如此，随着新型材料的开发、制造工艺和技术的进步，超级电容器在未来有望突破这些限制。

超级电容器的妙用

除了用作储能元件，超级电容器还在交通运输、工业、国防军事和数据存储等多个领域得到了广泛应用。

例如，将超级电容器作为混合动力汽车的动力源之一，可以提高车辆的加速性能；在工业领域，超级电容器可用于回收过剩能量；在国防军事领域，超级电容器可为航空航天的各种电子设备供电、用作军工产品的紧急电源、为舰载雷达供电，以及提高无线电通信系统的性能。而在日常生活中，超级电容器在照明领域有很广的前景，如为相机闪光灯提供大电流、与光伏发电板结合制造电容光伏路灯，还能为各种便携式设备供电。此外，超级电容器在数据存储的“掉电保护”方面应用越来越广泛，它可以有效防止突然断电造成的数据丢失和系统崩溃。

锂电池

在前面介绍的众多储能方式中，灵活可靠的电化学储能，尤其是电池储能，是最具实用价值的一种。其中，锂离子电池是目前应用最为广泛、最受关注的储能电池。

独占鳌头的锂离子电池

如今，绝大部分数码产品，如手机、平板电脑、笔记本电脑、数码照相机等，以及电动自行车、电动汽车等交通工具都选择将锂离子电池作为电源。其中，数码电子产品是最早使用锂离子电池的领域。近几年来，除了手机、平板电脑、笔记本电脑、电动工具等常规应用之外，锂离子电池的应用范围更延伸到智能穿戴、机器人、无人机等新的领域。可以说，锂离子电池技术的进步为这些新产品的开发和应用奠定了基础。

随着新能源汽车的蓬勃发展，锂离子电池因其重量轻、使用寿命长、高低温适应性强等优势，成为国内外新能源汽车动力的首选。随着很多技术难题一一被化解，锂离子电池的商用化日趋成熟，整个制造产业链也十分完善，我们如今能看到非常多使用锂离子电池的电动汽车。

“忙碌”的锂离子

锂离子电池究竟是怎么工作的？锂离子在其中又发挥着什么样的作用？接下来，就让我们一起揭开锂离子电池的奥秘。

我们知道，电池都有正极和负极之分，当我们使用电池时，其内部正负极的特殊物质会发生一系列化学反应。锂离子从负极脱出后跑向正极，将储存的能量以电能的形式释放出来。而当我们给电池充电时，则会发生相反的化学反应过程，锂离子从正极跑到负极，将电能储存起来。也就是说，锂离子电池充放电的过程就是锂离子在正负极间来回迁移的过程。

锂离子电池具有很多独特的优势。它不仅能储存较多的能量，还能将储存的能量尽可能多地释放出来，供人们利用。此外，锂离子电池充电速度快，放电时间长，而且充放电次数可高达几千次。但锂离子电池也存在一定的劣势，如生产成本较高，可能产生发热、燃烧等安全性问题。

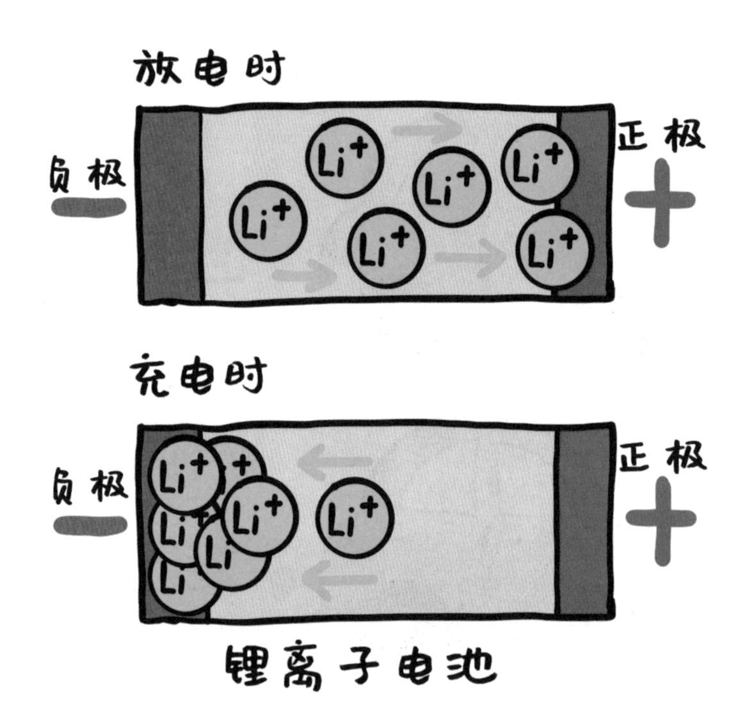

扩展阅读

锂离子电池的正负极材料是决定它们性能的关键因素。最初用作锂离子电池负极材料的是石墨，也就是生活中常见的铅笔芯的原材料。你知道现在的锂离子电池都使用了哪些材料吗？

扫描二维码收看

锂电池与锂离子电池

人们常常混淆“锂电池”和“锂离子电池”，其实二者之间既有联系，也有区别。锂离子电池是在锂电池的基础上发展起来的。

金属锂因其独特的性质，可以用作电池的负极材料，人们不断尝试使用金属锂制造可以充电的锂电池。20 世纪 70 年代，英国化学家斯坦利·惠廷厄姆用金属锂作为负极材料、硫化钛作为正极材料，发明了国际上首个可以推广使用的锂电池。紧接着，被称为“锂电池之父”的约翰·古迪纳夫实现了革命性突破，他使锂电池体积更小、容量更大、使用更稳定，从而开启了锂电池商业化的进程。但由于锂的性质不稳定，用金属锂制成的锂电池安全隐患较大。

随后，日本化学家吉野彰成功地从锂电池中去除了纯锂，用更安全的锂离子，即含锂金属氧化物代替，将其作为正极材料，从而发明了第一个商业上可用的锂离子电池。锂离子电池克服了长期阻碍其发展的短路和安全问题。自成功研发以来，锂离子电池迅速发展，目前已成为民用电池产值之首。

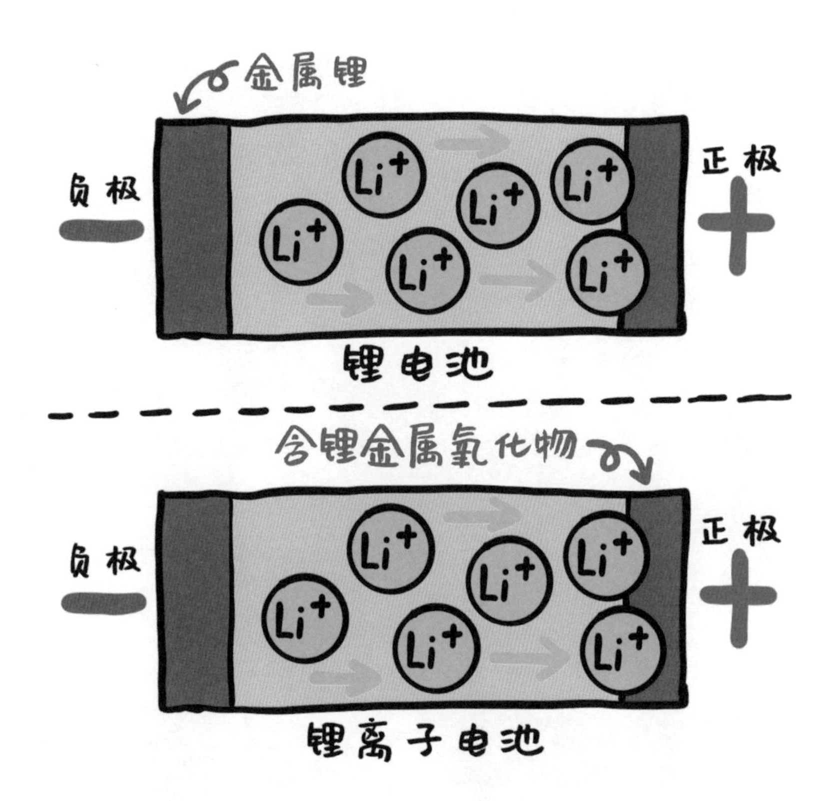

2019 年，这三位科学家也因此共同成为诺贝尔化学奖的获奖者。正是这些科学家的反复试验和努力研发，创造了一个基于锂离子电池的新能源动力时代。

尽管锂离子电池是目前技术最成熟、应用最广泛的储能电池，但它仍然存在着成本高、安全性较差等问题。结合日常生活，想一想，如果你有机会开发一款“理想电池”，你会赋予它哪些特性呢？

第五讲

新能源的未来

“人造太阳”

今天支撑人类社会运转的几乎一切能源，从煤炭、石油、天然气，再到风能、水能，其本质上都是太阳能。我们可以说，太阳是地球上绝大部分能源的最终来源。那么，假如我们能自己创造出一个“太阳”，那一切的能源问题是不是就能迎刃而解了呢？

什么是“人造太阳”？

所谓“人造太阳”，其实是“可控核聚变”的一种比较通俗的说法。之所以称它为“人造太阳”，是因为它的基本原理和太阳是一样的。太阳的能量来自它内部的核聚变反应，氢原子核在极高的温度下结合成氦原子核，结合过程中会损失一部分质量，而损失的质量会转化成巨大的能量释放出来，这就是太阳可以一直“熊熊燃烧”的原因。如果可以在地球上实现可控核聚变，那么就相当于我们自己创造了一个太阳，就能够以极高的效率源源不断地产生清洁能源。

可控核聚变相较于可控核裂变有非常明显的优势。首先，核裂变的材料都是一些稀有的放射性同位素，储量十分有限，而核聚变的材料是氢元素的同位素，在海洋里有着丰富的储量。其次，核裂变产物往往具有放射性，会产生不少难以处理的核废料，需要特殊处理以避免放射性污染，而核聚变的产物是稳定的氦原子核，没有一丁点放射性，基本上可以认为是一种无污染的能源。

氢元素“三兄弟”

要了解“人造太阳”，就要先了解核聚变的三位主角——氢元素的三个同位素，它们分别是氕（piē）、氘（dāo）、氚（chuān）。氕由一个质子和一个电子组成；氘由一个质子、一个中子和一个电子组成；氚由一个质子、两个中子和一个电子组成。自然界中最多的氢同位素是氕，绝大部分氢元素都以氕的

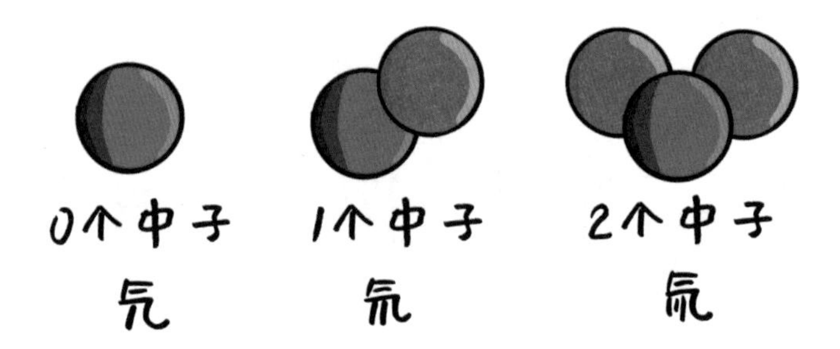

形式存在，相比之下，地球上氘的占比大约为0.015%。氚的占比则低得惊人，每一千万亿个氢原子中，才有一个氚原子，因此，氚的生产一般都是通过裂变反应、用中子轰击锂原子产生的。

扩展阅读

链式反应是核裂变释放能量的关键所在。那么核聚变当中存在链式反应吗？

扫描二维码收看

可控核聚变的难点

可控核聚变的原理说起来很简单，但是实现起来却非常困难。毕竟在地球上制造“人造太阳”可不容易。首先，太阳之所以可以源源不断地发生核聚变反应，是因为太阳靠万有引力把组成自身的核聚变燃料束缚在一起，在核心处

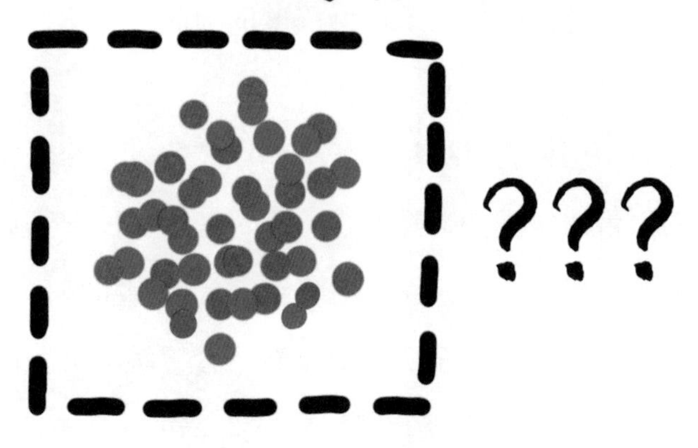

产生了高达 3000 亿个大气压的压强。即便在这种条件下，也需要 1500 万摄氏度的温度，才能保证核聚变反应的持续进行。可是在地球上，根据我们现有的技术条件，大概只能在很短的一个瞬间达到这样的条件。如果想维持如此苛刻的条件，基本上是不可能的。

不过科学家发现，在压强无法达到那么高的情况下，可以通过提高温度来实现核聚变，但是这也需要上亿摄氏度的高温才能正常进行。所以，可控核聚变存在两大难题：一是如何把核聚变材料加热到上亿摄氏度，二是用什么容器来装这些上亿摄氏度的核聚变材料。

给原子核戴上“紧箍圈”

早在 19 世纪末，荷兰的著名物理学家洛伦兹就提出了磁场对运动的带电粒子有作用力的观点，后来人们也将这种力称为洛伦兹力。今天的科学家利用这一原理设计出“紧箍圈”，用来约束高温的核聚变材料，这种方法就是被广泛研究和使用的“磁约束”技术。

磁约束技术具体的原理是：首先把核聚变材料变成带电的等离子体，然后用超强的磁场让这些带电的核聚变材料悬空高速旋转起来。这样一来，运动的带电材料就会受到磁场的约束，上亿摄氏度的等离子体就不会直接接触容器，如此就实现了把核聚变材料加热到上亿摄氏度的同时，又不会把“锅底”烧穿的目标。

在实际应用当中，这种装置被称作托卡马克装置。这个名字来自俄文中的一个缩写词，意为“带磁线圈的环形腔”。简而言之，托卡马克是一个甜甜圈形的真空腔，外边是包裹着的磁线圈，在真空腔内部产生环形磁场。等离子态的核聚变材料就在环形的磁场里面绕圈圈，而不会接触到装置的内壁。这样一来，“人造太阳”的“容器”问题就有了解决方案。

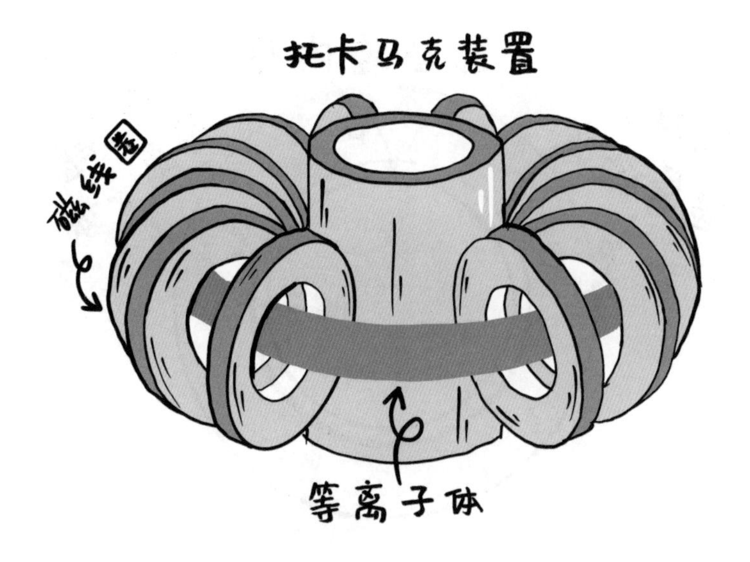

“极热”与“极寒”两重天

托卡马克装置真空腔的内壁，虽然不与高温的等离子体“直接接触”，但是仍然会有少量“逃脱”的等离子体撞击到内壁上，这些上亿摄氏度的等离子体仍然可能对真空腔内壁造成破坏，因此制造真空腔内壁的材料和工艺都十分特殊。同时，为了产生足够强大的磁场来束缚高温等离子体，真空腔外排布的是超导磁体。但是，这些超导磁体需要在零下 260 多摄氏度的极低温度下才能正常工作，因此，真空腔外是一个巨大的超低温冷却系统。这样一来，真空腔内外就是“极热”与“极寒”两重天，一边是上亿摄氏度的超高温等离子体，另一边是零下 260 多摄氏度的超低温超导磁体。这是多么壮观的一幅景象！

从 20 世纪 50 年代起，我国便开始了可控核聚变领域的研究，并在 2006 年建成了我国的“人造太阳”——全超导托卡马克核聚变实验装置（东方超环，EAST）。在 2021 年 5 月，东方超环便实现了一次刷新世界纪录的突破，做到了可重复的 1.2 亿摄氏度持续 101 秒运行和 1.6 亿摄氏度持续 20 秒运行的成

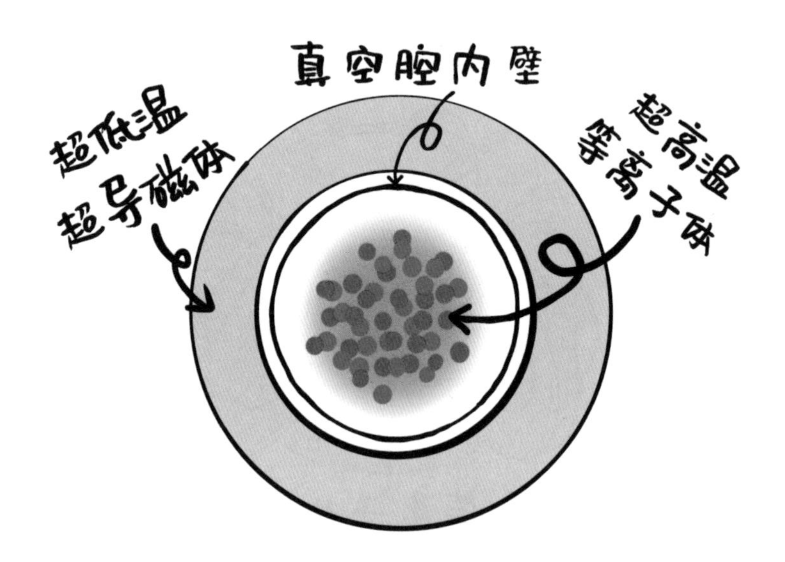

绩。在2021年12月30日，东方超环再次创造新的世界纪录，实现了1056秒的长脉冲高参数等离子体运行，这也是目前世界上托卡马克装置实现的最长时间的运行。

扩展阅读

可控核聚变的未来会是什么样的呢？

扫描二维码收看

思考和探索

这一节我们介绍了可控核聚变的相关知识。不过，由于技术的实现实在是太困难，我们至今还没有将它应用到我们人类社会的发展中。你可以畅想一下，假如未来我们掌握了可控核聚变技术，人类生活会发生哪些翻天覆地的变化呢？

节能与绿色生活

在当下，节能与绿色生活逐渐成为一种时尚。我们虽然可能暂时还无法为能源相关的科学问题找到答案，但是可以从身边的事情做起，节约能源，选择绿色低碳的生活方式，让我们的地球变得更好！

开源与节流

我国战国时期的思想家荀子曾说："节其流，开其源，而时斟酌焉，潢（huáng）然使天下必有余。"大意是，要想有富余，必须增加收入、节省支出。我们对待能源也应该保持这样的态度。一方面，我们要不断发展太阳能、风能、生物质能、地热能、核能、海洋能等新能源；另一方面，我们也要积极改进和替换现有的高耗能设备，发展节能技术，节约能源消耗。

开发新能源和可再生能源是能源可持续发展的应有之义，在我国的能源供应结构里，煤炭、石油与天然气等不可再生能源占绝大部分，新能源和可再生能源开发不足，这不仅造成了环境污染等一系列问题，也严重制约了能源发展，必须下大力气加快发展新能源和可再生能源，优化能源结构，增强能源供给能力，缓解压力。我国能源需求结构不合理突出表现在能源利用消耗高、浪费大、污染严重，缓解能源供需矛盾问题从根本上就是大力节约和合理使用能源，提高能源利用效率，严格控制钢铁、有色、化工、电力等高耗能产业发展，进一步淘汰落后的生产技术。同时，还要大力发展循环经济，积极开展清洁生产，全面推进节能管理，大力推广节能市场机制，促进节能发展，广泛开展全民节能活动。

绿色生活，从身边做起

大力推动低碳经济发展，建设资源节约型、环境友好型社会，已经成为我国可持续发展战略的重要组成部分。与之相对应的是，在生活层面，倡导和践

行低碳生活，已成为每个公民应当肩负起的环保责任。

“低碳”意指较低的二氧化碳排放，因此低碳生活可以理解为一种减少二氧化碳排放，低能量、低消耗、低开支的生活方式。如今，这股潮流在我国兴起，并且潜移默化地改变着人们的生活，比如进行垃圾分类，选择公共交通，选择新能源汽车，等等。低碳生活代表着更健康、更自然、更安全的一种生活态度和生活方式，更是一种可持续发展的环保责任。

人与自然和谐相处

在中国传统的“天人合一”文化体系中，追求人与自然的和谐相处一直是人们所向往的理想生存境界。在对待自然方面，我们古人讲究“不违农时，谷不可胜食也；数罟（gǔ）不入洿（wū）池，鱼鳖不可胜食也；斧斤以时入山林，材木不可胜用也”。大意是说，只要不违背农时、耽误农民耕种，粮食就吃不完；不用细密的网在池塘里捕捞，鱼鳖就吃不完；按照时令采伐林木，木材就用不完。这句出自《孟子·梁惠王上》的话体现了我国古人“天人合一”的智慧。但是，在过去很长一段时间里，随着经济社会的发展以及人类认识自然、改造自然能力的提高，人类过度向自然界索取各种资源，带来了各种各样的环境问题。幸运的是，人类在痛定思痛之后终于意识到了与大自然和谐相处的重要性，并为保护地球环境而行动起来。

我们探索和发展新能源，其实也是为了保护我们生存的环境，实现未来长期可持续的发展。每一位地球居民都应为保护地球环境、改善地球环境做出贡献！

保护环境并不只是科学家的使命，也不是脱离生活的口号。我们保护的不仅是环境，更是人类自身。请大家想一想，我们每个人能为环保做些什么呢？